山楂病虫害诊治原色图谱

SHANZHA BINGCHONGHAI ZHENZHI YUANSE TUPU

主　编　冯玉增　李永成
副主编　万素贤　樊福业
编著者　王庚申　胡清坡　刘小平
　　　　乔高阳　张巧珍

科学技术文献出版社
Scientific and Technical Documents Publishing House
北　京

内 容 提 要

该书全面系统地介绍了山楂病虫害鉴别与无公害防治方面的知识。内容包括了危害山楂的病原、害虫形态特征、危害特点、发生规律及无公害综合防治知识。该书内容新颖，图文并茂，以图为主，信息量大，既突出了农业和生物防治，也介绍了无公害化学农药防治技术，特点是每种病虫都配有多幅彩色图片，易识易辨，通俗易懂，可供果树站、植保站、果树科技人员、农资系统、农林院校师生及广大果农从事生产参考使用。

科学技术文献出版社是国家科学技术部系统惟一一家中央级综合性科技出版机构，我们所有的努力都是为了使您增长知识和才干。

目录

第一章

山楂病害鉴别与无公害防治

一、山楂炭疽病

1.病原 为子囊菌门小丛壳菌：*Glomerella cingulata* (Stonem) Spauld et Schrenk。危害果实、枝条。

2.症状鉴别 果实染病，病果表面初现淡褐色圆形病斑，后逐渐扩大，果肉软腐下陷，病斑颜色深浅交错，稍呈同心轮纹；以后病斑中央出现同心轮纹状排列且隆起的黑色小粒点，即病菌的分生孢子盘，当空气潮湿时，小粒点分泌绯红色黏液；一个果上有一至多个病斑，一个病斑可蔓延半个果面以上，重时致全果腐烂；病果失水后即成僵果脱落，极少挂在树上不落的；在运输、贮藏过程中温湿条件适宜，易造成带菌果实大量腐烂；病果带有苦味，无法食用。枝条染病，初期在表皮形成深褐色、不规则病斑，后期病部溃烂龟裂，木质部外露，病斑表面也产生黑色小粒点，重时病部以上枝条枯死。果台染病，病部深褐色，自顶部由上向下蔓延，重者副梢不能抽出（图1–1–1，图1–1–2）。

图1–1–1　山楂炭疽病果

图1–1–2　山楂炭疽病叶

3.发病规律 病菌在病果、果台和干枯的枝条上越冬，翌年产生分生孢子，借风雨传播，由皮孔或直接侵入危害果实。一般于5月下旬至6月上旬开始发病，7月至8月最为严重，9月中下旬为发病末期。高温高湿、果园郁闭严重、阴雨连绵的雨季易导致病害盛发和流行；刺槐是山楂炭疽病菌的中间寄主，周围有刺槐防护林的山楂树，发病重且早。

4.防治要点

（1）农业防治：冬春季彻底剪除病枝和清理果园中残留的病果、病叶，集中深埋或烧毁，以减少越冬菌源。病害始发期，仅个别枝上有病果，可以及时摘除，以减少再侵染菌源。

（2）药剂防治：①春季山楂树发芽前喷洒1次铲除剂消灭越冬病原：可喷洒3%～5%重柴油乳剂或3～5波美度石硫合剂、1∶1∶100倍式波尔多液等，并兼治蚧、螨、蚜虫类害虫。②发病期防治：于发病初期及时喷洒70%甲基硫菌灵可湿性粉剂700倍液或50%多菌灵可湿性粉剂600倍液、25%三唑酮可湿性粉剂1 000～1 500倍液、75%百菌清可湿性粉剂500倍液、80%炭疽福美可湿性粉剂700～800倍液、50%混杀硫浮剂500倍液、2%农抗120水剂200倍液等。10～14天1次，连喷3～4次。③加强贮藏期管理：入库前剔除病虫果，注意控制贮藏场所的温湿度，发现病果，及时剔除。

二、山楂青霉病

1.病原　为半知菌类常现青霉菌：*Penicillium frequentans* Westl。危害果实。

2.症状鉴别　主要危害生长后期及贮藏期的果实，引起果实腐烂，常在果面上产生浓绿的霉层，即病原菌的分生孢子梗和分生孢子，腐烂果实有一股霉味（图1－2－1）。

图1－2－1　山楂青霉病果

3.发病规律　青霉菌分布很广，孢子借气流传播，也可通过接触等操作传染，病菌易从伤口侵入而致病。包装箱、贮藏室的带菌情况与发病轻重关系密切，25℃青霉病发生扩展最快，降低温度有一定抑制作用，病菌0℃下也能缓慢生长，在长期贮藏中可陆续出现腐烂。

4.防治要点

（1）科学采收和贮藏：采收、分级包装及贮运过程中，尽可能减少机械伤口，剔除带有病伤果实；在贮藏中及时剔除病果，防止传染；合理控制藏室温湿度。

（2）贮藏场所和包装箱严格消毒，也可用药剂熏蒸：方法是用硫磺粉2～2.5千克／100立方米掺入适量锯末，点燃后封闭48小时；也可用12%福尔马林、4%漂白粉水溶液喷布熏蒸后密闭2～3天，然后通风启用。

（3）贮藏前药剂处理果实：贮前用50%多菌灵可湿性粉剂500倍液或70%甲基硫菌灵可湿性粉剂600倍液、45%特克多悬浮剂3 000～4 000倍液喷雾果实，同时还可兼防贮藏期的其他真菌性病害，喷药后凉干入库贮藏。

三、山楂轮纹病

1.病原　有性阶段为子囊菌门：*Botryosphaeriaberengeriana* de Not.f.piricola (Nose) Koganezawa et Sakuma，无性阶段为半知菌类：*Macrophoma kawatsukai* Hara。危害果实、枝干。

2.症状鉴别　病斑近圆形，初为红褐色，后为褐色，逐渐扩展为同心轮纹型病斑，病部果肉软腐，最终导致全果腐烂。枝干上病斑近圆形，中部突起，边缘开裂，上生黑色小粒点（图1–3–1，图1–3–2）。

3.发病规律　病菌主要以菌丝和分生孢子器在枝干上越冬。在果实近成熟期或贮藏期发病，树势弱、多雨年份发病重。详细发病规律尚未见报道。

图1–3–1　山楂轮纹病果

图1–3–2　山楂轮纹病果腐烂

4.防治要点

（1）农业防治：增施基肥、合理灌水、控氮增钾、合理负载、壮树抗病、减少枝干病瘤等，是防治轮纹病的治本措施。冬、夏剪除的病枯枝，及时运出果园烧毁。贮藏期及时剔除病果，防止传染健果。

（2）药剂防治：

①清除病菌来源：发病初期刮治病瘤、病皮及翘皮，并涂抹50%多菌灵可湿性粉剂100倍液或70%

甲基硫菌灵可湿性粉剂200倍液等，杀死病瘤内的潜伏病菌。②果树发芽前：全树喷洒50%多菌灵可湿性粉剂100倍液或45%噻菌灵悬浮剂500倍液、40%代森铵水剂400倍液等。③果实喷药保护。从落花后10天左右开始喷药，到8月下旬至9月中旬喷药结束。在幼果期和果实膨大期喷洒50%多菌灵可湿性粉剂600倍液或50%苯菌灵可湿性粉剂700～800倍液、40%氟硅唑乳油7 000～8 000倍液、80%代森锰锌可湿性粉剂600～800倍液等。7月中旬以后，喷布40%氟硅唑乳油7 000～8 000倍液加90%乙膦铝可湿性粉剂600倍液，或多菌灵加乙膦铝600倍液与波尔多液交替使用，共喷药3～4次。

四、山楂白粉病

1.病原 有性态为子囊菌门叉丝单囊壳菌：*Podosphaera oxyacanthae* (DC.) de Bary；无性态为半知菌类山楂粉孢霉菌：*Oidium crataegi* Grogn.。又称弯脖子病、花脸病。危害果、叶和新梢。

2.症状鉴别 幼果染病，果面覆盖一层白色粉状物，病部硬化、龟裂，导致畸形；果实近成熟期受害，产生红褐色病斑，果面粗糙。叶片染病，初在叶正、背面产生白色粉状斑，严重时白粉覆盖整个叶片，表面长出黑色小粒点，即病菌闭囊壳。新梢染病，初期生粉红色病斑，后期病部布满白粉，新梢生长衰弱或节间缩短，其上叶片扭曲纵卷，严重的枯死（图1-4-1，图1-4-2，图1-4-3，图1-4-4）。

图1-4-1　山楂白粉病幼果

图1-4-2　山楂白粉病果

图1-4-3　山楂白粉病嫩梢

图 1-4-4　山楂白粉病叶

3.发病规律　以闭囊壳在病叶或病果上越冬，翌年春释放子囊孢子，侵染树冠下部，并产生大量分生孢子，借气流传播进行再侵染。春季温暖干旱、夏季多雨凉爽的年份病害流行；偏施氮肥，栽植过密的果园发病重；实生苗易感病。

4.防治要点

（1）农业防治：加强栽培管理，增施有机肥，避免偏施氮肥；合理灌水，保持园地土壤水分适宜；合理疏花、疏叶。冬春季彻底清除树上树下枯叶、残果，并集中烧毁或深埋，清除越冬菌源。

（2）药剂防治：①发芽前喷洒45%晶体石硫合剂30倍液或2～3波美度石硫合剂。②落花后和幼果期喷洒62.25%仙生可湿性粉剂600倍液或45%晶体石硫合剂300倍液、50%甲基硫菌灵·硫磺悬浮剂800倍液、50%硫悬浮剂300倍液、20%粉锈宁乳油1 000倍液、12.5%腈菌唑乳油2 500倍液、47%加瑞农可湿性粉剂500～800倍液等，15～20天1次，连续防治2～3次。

五、山楂锈病

1.病原　有两种，分别为担子菌门梨胶锈菌山楂专化型：*Gymnosporangium haraeanum* Syd.f.sp. *crataegicola*和担子菌门珊瑚形胶锈菌：*G.clavariiforme* (Jacq.) DC.，危害果实、叶片和新梢。

2.症状鉴别　叶片染病，初生直径1～2毫米的橘黄色小圆斑，后扩大致4～10毫米；病斑稍凹陷，表面产生铁锈色小粒点，即病菌性孢子器；发病后一月余叶背病斑突起，产生灰色至灰褐色毛状物，即锈孢子器，破裂后散出褐色锈孢子；最后病斑变黑，严重的干枯脱落。叶柄染病，初期病部膨大，呈橙黄色，生毛状物，后期变黑干枯，致叶片早落。新梢染病，新芽布满锈斑影响正常生长。果实染病，病部稍凹陷，密生灰色至灰褐色毛状物，即锈子腔，果实生长停滞并畸形、早落。新梢、果柄、叶柄上病部发生龟裂，易被折断（图1-5-1，图1-5-2，图1-5-3，图1-5-4，图1-5-5，图1-5-6）。

3.发病规律　以多年生菌丝在桧柏针叶、小枝及主干上部组织中越冬。翌年春形成冬孢子角，遇充

图 1-5-1　山楂锈病果

图 1-5-2　山楂锈病害新梢

图 1-5-3　山楂锈病叶背锈孢子器

图 1-5-4　山楂锈病在桧柏干上的冬孢子角

图 1-5-5　山楂锈病在桧柏枝上的冬孢子角

图 1-5-6　山楂锈病在桧柏叶上的冬孢子角

足的雨水，冬孢子角胶化产生担孢子，借风雨传播、侵染危害，潜育期6～13天。3月至4月间气温偏低、降雨多，风向风速适宜，容易引起该病发生和流行。展叶20天以内的幼叶易感病；展叶25天以上的叶片一般不再受侵染。目前国内绝大多数栽培品种均感病，仅山东的平邑红子和河南的7803、7903较抗病。

4.防治要点

（1）禁止在山楂园周围2.5～

5公里范围内栽植桧柏类针叶树，若有应及早砍除。

(2)清除冬孢子：不宜砍除桧柏时，山楂发芽前后，于桧柏上喷洒3～5波美度石硫合剂或45%晶体石硫合剂30倍液、1∶1∶150倍式波尔多液，以消灭转寄主上的冬孢子。

(3)药剂防治：冬孢子角胶化前及胶化后（5月下旬至6月下旬）喷洒50%硫悬浮剂400倍液或15%三唑酮可湿性粉剂1 000倍液、12.5%烯唑酮可湿性粉剂1 500～2 000倍液、15%三唑酮可湿性粉剂2 000倍液加70%代森锰锌可湿性粉剂1 000倍液、45%腈菌唑乳油2 500倍液，15天左右1次，防治2～3次。

六、山楂花腐病

1.病原 有性态为子囊菌门山楂链核盘菌：*Monilinia Johnsonii* (Ell. et Ev.)，无性态为半知菌类山楂褐腐串珠霉菌：*Monilia crataegi* Died.。主要于春季危害花器、幼叶和嫩梢。

2.症状鉴别 叶芽染病，于芽萌动后展叶4～5天出现症状，幼叶初现褐色短线条状或点状斑，6～7天可扩展至病叶1／3～1／2，病斑红褐至棕褐色，病叶、嫩梢腐烂。花器染病，引起花腐脱落。幼果染病，多在落花10天后出现症状，2～3天即可使幼果变暗褐色腐烂，病果僵化形成菌核（图1–6–1，图1–6–2，图1–6–3，图1–6–4，图1–6–5）。

图1–6–1 山楂花腐病花

图1–6–2 山楂花腐病花梗

图1–6–3 山楂花腐病果初期

图1–6–4 山楂花腐病果后期

图 1–6–5 山楂花腐病叶

3.发病规律 病菌以菌丝在病僵果上越冬，翌年春产生分生孢子，借风雨传播，孢子萌发后从伤口或皮孔侵入，果实成熟时或贮藏期发病。气温25℃，湿度大易发病，伤口多发病重。

4.防治要点

（1）农业防治：冬春季彻底清除园内病僵果及枯枝落叶，深埋或烧毁，并翻耕园地土壤，消灭越冬菌源；雨后及时排水防止湿气滞留，减少病菌发病机会；合理修剪，减少伤口。科学采收，轻摘轻放，贮运时尽量避免挤压果实。

（2）及时防治其他病虫害。

（3）药剂防治：①发芽前在树冠下喷洒25%乙霉威可湿性粉剂1 000～1 500倍液或42%噻菌灵悬浮剂400～500倍液等。②发病前叶面喷洒15%三唑酮可湿性粉剂1 000倍液或50%甲基硫菌灵·硫磺悬浮剂900倍液、70%百·福可湿性粉剂800倍液等。

七、山楂日灼病

1.病因 为生理性病害，是生长期果实受到强烈日光直接照射、引起果面局部表皮组织烧伤坏死。危害幼果和嫩枝。

2.症状鉴别 于果实向阳面产生近圆形或不规则形的黄白色病斑，后期病斑略凹陷，黑褐色；病部仅限于果实表层，内部果肉不变色；在贮藏期间日灼病果实易为腐生菌污染而腐烂。受日灼的枝条半边干枯或全枝枯死（图1–7–1）。

图 1–7–1 山楂日灼病果

3.发病规律 病害发生与天气、树势强弱、果实着生部位等有密切关系。夏季连日晴天、温度高，天气干旱、土壤缺水，果面受强烈日光照射，致使果皮的温度升高，蒸发消耗的水分过多，果皮细胞遭受高温而灼伤，故幼果和嫩枝易发生日灼病。树势强壮，枝叶茂盛，发病轻；树势衰弱，枝叶量小，果实外露，直接受光量大，发病严重。果实位于阳光照射强度大的方向如南及西南方向发病较重，东南方向次之，其他方向基本不发病。受日灼的果实和枝条，容易诱发病害的发生。

4.防治要点

（1）合理修剪、建立良好树体结构，使叶片分布合理，夏日利用叶片遮盖果实，防止烈日暴晒。

（2）夏季高温期间果园适时灌水，以调节果园内的小气候；灌水后及时中耕，促根系活动，保持树体水分供应均衡。

（3）密切注意天气变化，如有可能出现发生日灼的炎热天气，于午前喷洒0.2%～0.3%磷酸二氢钾溶液或2%石灰乳液、清水，有一定的预防作用。

八、山楂裂果症

1.病因　为生理性病害，自然因素影响所致。

2.症状鉴别　果皮开裂露出果肉，主要有横裂 、纵裂和三角形裂等三种方式。果实开裂后，失去商品价值，并易招致霉菌侵染而发病（图1–8–1）。

图1–8–1　山楂裂果症

3.发病规律　裂果主要发生在果实近成熟期。由于水分供应不均匀，或后期天气干旱，突然降雨或灌水，果树吸水后果实迅速膨大，果肉膨大速度快于果皮膨大而造成裂果。不同品种发病轻重不同。土壤有机质含量低、黏土地、通气性差、土壤板结、干旱缺水，裂果发生重。

4.防治要点

（1）农业防治：改良土壤，增施有机肥，地面覆草、涵养土壤水分，合理适时浇水，避免果园大干大湿。果实成熟前期地面覆膜，控制土壤吸水量。

（2）人工防治：果实成熟期遇雨后及时抢摘。

（3）药剂防治：对于历年裂果较重的园地，在未出现裂果前，喷洒浓度为0.03%的氯化钙水溶液或0.2%硼砂水溶液，可减轻裂果病的发生。

九、山楂叶斑病

1.病原　为半知菌类山楂生叶点霉菌：*Phyllosticta crataegicola* Sacc.。危害叶片。

2.症状鉴别　叶片染病后初生黄褐色圆形斑，渐变为红色，后变成灰褐色，边缘明显，分生孢子器成熟后，病斑上长出黑色小粒点（图1–9–1）。

3.发病规律　病菌以菌丝体、

图 1-9-1 山楂叶斑病叶

分生孢子器在病落叶上越冬。翌年4月至5月在湿润的地面上产生大量分生孢子，借风雨传播侵染叶片。5月至6月开始出现病斑，7月至8月进入发病盛期。雨日多，降雨早的年份，发病早且重。春季干旱发病晚且轻。沿海、沿湖、地洼，雾露重，栽埴过密，通透性不良山楂园发病重；土壤黏重、长势弱的结果树发病也重。幼树、壮树发病轻。

4.防治要点

（1）农业防治：秋末冬初及时清除园内枯枝落叶，集中烧毁或深埋，以减少菌源。加强果园综合管理，增施有机肥，科学修剪，旱浇涝排，增强树势，提高抗病力。

（2）药剂防治：发病初期及时喷洒50%多菌灵可湿性粉剂1 000倍液或50%甲基硫菌灵·硫磺悬浮剂900倍液、78%科博可湿性粉剂500～600倍液、64%杀毒矾可湿性粉剂400～500倍液、80%代森锌可湿性粉剂600～700倍液等。

十、山楂黑星病

1.病原 有性阶段为子囊菌类 *Venturiacrataegi* Aderh.，无性阶段为半知菌类 *Fusicladiumcrataegi* Aderh.。危害叶片。

2.症状鉴别 发病初期，在叶背面叶脉间产生稀疏的霉状物，逐渐扩展为大小不等的不规则形暗褐色霉斑。叶片正面病斑部分呈不规则形的褪绿斑。发病严重时，霉斑互相连接成片，甚至布满叶片，导致叶片干枯早落（图1-10-1，图1-10-2）。

图 1-10-1 山楂黑星病叶前期

图 1-10-2 山楂黑星病叶后期

3.发病规律 此病的侵染循环尚不清楚。在辽宁地区发病初期为

6月上旬，发病盛期为7月中下旬，9月份以后发病渐少，10月份病害停止发生。大多数山楂品种均能感病，但感病性有差异。多雨年份发病较重，山地果园较平地果园发病轻，成年树较幼苗发病轻。

4. 防治要点

（1）农业防治：秋末、初冬清扫落叶，集中深埋或烧毁，减少越冬菌源。

（2）药剂防治：①初见病斑时，立即喷洒20.67%万兴乳油2 000～2 500倍液或40%福星乳油8 000～10 000倍液、12.5%腈菌唑乳油2 000～3 000倍液、10%世高水分散粒剂4 000～6 000倍液。②在雨季可喷洒68.75%易保水分散粒剂1 000～1 500倍液或20.67%万兴乳油2 000～3 000倍液。

十一、山楂枯梢病

1. 病原　无性态为半知菌类葡萄生壳梭孢菌：*Fusicoccum viticolum* Reddick；有性态为子囊菌门葡萄生小隐孢壳菌：*Cryptosprella viticola* (Redd) Shear.，又称枝枯病。危害果枝。

2. 症状鉴别　主要危害果桩，即果柄坐落处。染病初期，果桩由上而下变黑，干枯，缢缩，与健部形成明显界限；后期病部表皮下出现黑色粒状突起物，即病原菌分生孢子器和分生孢子座；后突破表皮外露，使表皮纵向开裂。翌年春病斑向下延伸，当环绕基部时，新梢即枯死，其上叶片萎蔫枯死，并残留树上不易脱落（图1−11−1，图1−11−2，图1−11−3，图1−11−4）。

图1−11−1　山楂枯梢病新梢

图1−11−2　山楂枯梢病枝

图1−11−3　山楂枯梢病新果桩

图 1–11–4 山楂枯梢病老果桩

3. 发病规律 病菌主要以菌丝体和分生孢子器在二、三年生果桩上越冬，翌年6、7月份，遇雨释放分生孢子，侵染危害，多从二年生果桩入侵，形成病斑。越冬前果桩带菌最多。老龄树、弱树、修剪不当及管理不善发病重；树冠内膛病梢率高于外膛；此外，病害发生与否与当年生果桩基部的直径密切相关，直径0.3厘米以下，发病重；0.3～0.4厘米，发病较轻；0.4厘米以上，基本不发病。

4. 防治要点

(1) 加强栽培管理：合理修剪；采收后及时深翻土地，同时沟施基肥，每株100～200千克。早春发芽前15天，每株追施碳酸氢铵1～1.5千克或尿素0.25千克，施后浇水。

(2) 铲除越冬菌源：发芽前喷45%晶体石硫合剂30倍液或1∶1∶100倍式波尔多液、3～5波美度石硫合剂、10%银果乳油500～600倍液等。

(3) 发生期防治：5月至6月间，进入雨季后喷洒62%噻菌灵可湿性粉剂800倍液或50%代森锰锌可湿性粉剂600～800倍液、36%甲基硫菌灵悬浮剂600～700倍液、50%多菌灵可湿性粉剂800倍液等，15天1次，连续防治2～3次。

十二、山楂丛枝病

1. 病原 为山楂植物菌原体：Japanese hawthorm witches' *Phytoplasma*。危害花、芽、枝。

2. 症状鉴别 染病树早春发芽迟，较正常植株约晚1周左右，无明显节间枝条，致小叶簇生或黄化，病枝由上向下逐渐枯死或花器萎缩退化，花芽不能正常抽出果枝或花小畸形，花多由白色变成粉红色至紫红色，不结果。病株根部萌生蘖条易带病，移栽后显症，1～2年内枯死（图1–12–1）。

图 1–12–1 山楂丛枝病枝

3. 发病规律 可能与蟠象、叶蝉、蚜虫等刺吸式口昆虫在病、健树上危害、交互传染有关，其自然扩散存在初次侵染源，其分布特点为常在发病严重地块有几棵山楂树同时感病，呈点片状分布。

4.防治要点

（1）培育无病苗木：①在无病区采取接穗、接芽。②接穗消毒，对于带病接穗，用1 000毫克／千克盐酸四环霉素液浸泡半小时可消毒灭病。③苗木培育时可喷洒盐酸土霉素溶液500～1 000毫升／千克，连喷3次有效果；苗圃中一旦发现病苗，立即拔除。

（2）铲除病树，防止传染：及时彻底刨除病树，消灭早期传染中心；刨除病树时，应将大根一起刨净，以免萌发。

（3）加强果园管理：增施有机肥、碱性肥，适时灌水，增强树势，提高抗病能力。

（4）主干环剥：由于病菌在树干内传导具方向性，可在春季树液流动前，在树主干的中、下部进行环状剥皮，宽3～5厘米，阻止病菌由下向上蔓延。

（5）及时防治叶蝉、蝽象、蚜虫等刺吸式口器昆虫，防止传病。

（6）灌药防病：4、8月在病枝同侧树干钻2～3个孔，深达木质部，将薄荷水50克、龙骨粉100克、铜绿50克研成细粉，混匀后注入孔内，每孔3克，再用木楔钉紧，用泥封闭，杀灭病体，根治病害。

（7）涂去疯灵：春季发芽前，于树干基部开一个环状小槽，深达韧皮部一半，将药液灌入槽内，用塑料薄膜包扎严密，隔1个月再涂1次。树粗20厘米施8克，40厘米施16克，疗效较好。

十三、山楂腐烂病

1.病原　为子囊菌门黑腐皮壳菌：*Valsa* sp.。危害干枝。

2.症状鉴别　主要危害十年以上结果树的主干和主枝，也危害小枝、幼树和果实，分溃疡和枝枯两种类型。溃疡型：较多，这是夏季衰弱树和冬春季发病盛期表现的典型症状，春季病部外观呈圆形或长圆形、红褐色、质地松软的水渍状病斑，受压凹陷流出黄褐色或红褐色汁液，带有酒糟味；后期病部失水干缩，下陷，病键分界处产生裂缝，病皮变为暗色，病部长出许多疣状的黑色小粒点，雨后或天气潮湿时，从中涌出金黄色卷须丝状孢子角，遇水后消散；夏秋季在表皮上产生红褐色稍湿润的表面溃疡，大小1平方厘米至长宽达几十厘米，病部表皮糟烂、松软，后期病斑变干饼状稍凹陷；晚秋初冬，表面溃疡向内层扩展，形成红褐色至咖啡色坏死点，上覆白色菌丝团；入后冬继续扩展，导致大块树皮腐烂；当病斑扩大环切整个树干时，致病部以上树干和大枝枯死。枝枯型：春季发生在2～5年生小枝上或树势极度衰弱的树上，染病枝迅速失水、干枯，重病树枝叶不茂，并呈现结果特多的异常现象，当病斑环绕干一周时，全枝乃至整株逐渐死亡。果实染病：初期呈圆形或不规则形的红褐色轮纹，以黄褐色与红褐色深浅交替轮纹状向果心发展，病组织软腐，带有酒糟味，后期病斑中部散生或聚生大而突出果皮的小黑粒点，湿度大或遇雨水时，出现橘黄色的丝状孢子角（图1-13-1，图1-13-2）。

图1-13-1 山楂腐烂病斑

图1-13-2 山楂腐烂病斑上的孢子器

3.发病规律 病菌以菌丝体、分生孢子器、子囊壳及孢子角在病树皮下或残枝干上越冬，翌春产生分生孢子，通过雨水和风传播，从伤口或死伤组织侵入，其中以冻伤为主。此病一年有两个发病高峰，即3月至4月和8月至9月，春季重于秋季。大小年幅度大的果园，发病严重、发病期长；有机肥缺乏或追施氮肥失调，果园低洼积水、土层瘠薄等导致树势衰弱，发病重。周期性的冻害易引发病害流行。

4.防治要点

（1）加强栽培管理，增强树势，提高树体抗病力：①增施有机肥，合理施用氮、磷、钾肥。②严格疏花疏果，使树体负载适宜，杜绝大小年结果现象。③尽量减少各种伤口，避免修剪过度，禁止严冬修剪；剪伤口涂油漆防冻害。④防止早春干旱和雨季积水。

（2）清除病残体，消灭越冬菌源：冬春季彻底清园，认真刮除树干老皮、干皮，剪除病枝，捡拾田间残留病果，集中烧毁或深埋。

（3）树干涂白防冻害：初冬落叶后树干涂白，涂白剂配方：生石灰6千克、波美20度石硫合剂1千克、食盐1千克、清水18千克、动物油100克。

（4）抹泥法：春季用树冠下面的泥土抹于病斑上，厚度3厘米以上，然后用塑料布扎住，可使病原菌失去活性。

（5）重刮皮：5月至6月用刀将病部全部刮皮，露出白绿或黄白色皮层为止，皮层中若有坏死斑也一律刮除。重刮皮可将多年积累的各种类型病变组织和侵染点彻底清除，不需要化学药剂保护，且可刺激树体产生愈伤组织，增强抗病力。

（6）刮治和划道涂治病疤：刮治和涂治要深达木质部并连续进行3～5年。①刮治是在早春将病斑坏死组织彻底刮除，并刮掉病皮四周的一些好皮。②涂治是将病部用刀纵向刮0.5厘米宽的痕迹，然后于病部周围健康组织1厘米处划痕阻止病菌扩展。刮皮后涂抹5%菌毒清水剂100倍液、2%农抗120水剂20倍液、42%腐绝悬浮剂200倍液、无毒高脂膜10～20倍液、70%甲基硫菌灵可湿性粉剂30倍液、843康复剂、30%甲基硫菌灵糊剂等。

十四、山楂干腐病

1.病原　有性阶段为子囊菌类：*Botryosphaeria berengeriana* de Not.；无性阶段为半知菌类：*Macrophoma*。危害枝干。

2.症状鉴别　病斑多发生在主干及骨干枝的一侧。初期病斑紫红色，迅速向上下扩展蔓延，呈条带状。中病部皮层腐烂，病键交界处开裂，其表面密生细小黑色小粒点。后病树生长衰弱，发芽晚，结果小，叶色枯黄无光泽。病重时可导致树枝枯死或整株死亡（图1-14-1，图1-14-2，图1-14-3）。

图1-14-1　山楂干腐病初期

图1-14-2　山楂干腐病中期

图1-14-3　山楂干腐病后期

3.发病规律　病菌在枝干病斑组织内越冬，翌春产生孢子，随风雨传播，从伤口或皮孔侵入。病菌具有潜伏侵染特性，多半侵染极度衰弱的枝干或植株。4月份开始发病，5月至6月份病斑扩展最快。土质瘠薄，施肥少，干旱缺水，管理粗放，易导致发病；伤口过多，冻害、日灼伤严重的易于发病；在土质差，缺肥缺水土壤上栽植的幼树于缓苗期更易发病，可造成幼树枯死。

4.防治要点

（1）农业防治：栽植无病壮苗，加强肥水管理，防止冻害和日灼伤，缩短缓苗期；及时清除枯死树枝，刨除病死树，烧毁一切病残体；深翻扩穴，增施有机肥，实行节水灌溉，防止树体干旱失水。

（2）药剂防治：①发芽前喷布3～5波美度石硫合剂加五氯酚钠200～300倍液或25%培福朗500～1 000倍液、0.8%菌立灭200～250倍液。②治疗病斑，采取纵向划道割条的方法，涂抹腐必清5倍液或腐殖酸铜原液、5%菌毒清50～100倍液、3%培福朗糊剂、0.8%菌立灭3～5倍液。涂抹伤口消毒剂时要多次涂布，使药剂渗透到刀口内，最好用复方煤焦油保护伤口。

十五、山楂干枯病

1.病原 无性阶段为半知菌类 *Phomopsis* sP.。危害幼树主干。

2.症状鉴别 病斑为不规则形，红褐色，皮层变褐腐烂。病斑扩展迅速，枝干枯死。病斑表面密生灰黑色小粒点。病株生长衰弱，发病严重时致使整株枯死（图1–15–1，图1–15–2，图1–15–3）。

图1–15–1 山楂干枯病枝

图1–15–2 山楂干枯病病斑

图1–15–3 山楂干枯病死枝

3.发病规律 病菌在病斑树皮内越冬，翌春继续活动危害，产生孢子，随风雨传播，从伤口、皮孔侵入。3月至4月份开始发病，5月至6月份发病较多，病斑扩展迅速，夏季发病减缓。果园管理粗放，树势衰弱，冻害及日灼伤严重，修剪过重，伤口过多，均有利于此病发生。

4.防治要点

（1）农业防治：①加强栽培管理，增施有机肥，促使树势健壮，增强抗病抗寒能力。②注意保护树体，防止伤口过多。③枝干涂白，防止日灼伤。④及时剪除病枯枝，刨除病死树，集中烧毁，减少菌源。

（2）药剂防治：①发芽前喷布3～5波美度石硫合剂加五氯酚钠200倍液。②及时治疗病斑，治疗方法参照山楂干腐病。

十六、山楂白纹羽病

1.病原　有性态为子囊菌门褐座坚壳菌：*Rosellinia necatrix* (Hart.)；无性态为半知菌类白纹羽束丝菌：*Dematophora necatrix* Harting。危害根系。

2.症状鉴别　染病后叶形变小、叶缘焦枯，小枝、大枝或全部枯死。根部缠绕白色至灰白色丝网状物，即病菌的根状菌索，地面根茎处产生灰白色薄绒状物，即菌膜。此病是引起老弱树死亡的主要原因（图1–16–1，图1–16–2）。

3.发病规律　主要以残留在病根上的菌丝、根状菌索或菌核在土壤中越冬。条件适宜时菌核或根状菌索长出营养菌丝，从根部表皮皮孔侵入，病菌先侵染新根的柔软组织，后逐渐蔓延至大根，被害细根霉烂甚至消失。病菌通过病健部接触或通过带病苗木远距离传播。多在7月至9月发病。果园或苗圃低洼潮湿、排水不良发病重，湿度影响最大；栽植过密、定植太深、培土过厚、耕作时伤根、管理不善等易造成树势衰弱，土壤有机质缺乏，酸性强等可引发此病。

图1–16–1　山楂白纹羽病根

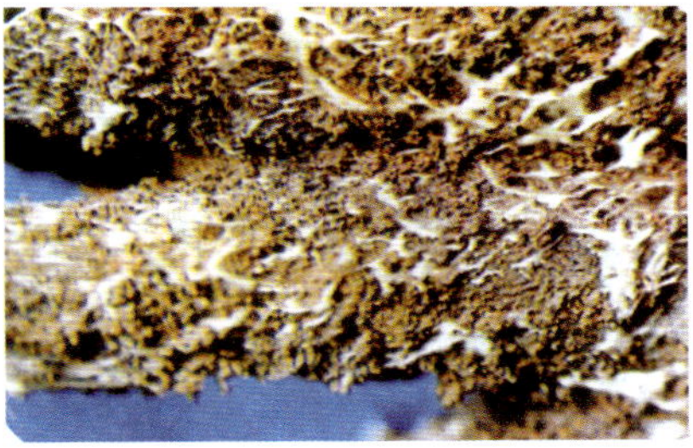

图1–16–2　山楂白纹羽病白色菌膜

4.防治要点

（1）彻底剔除病苗，选栽无病苗木：不在带病苗圃育苗；建园时选栽无病苗木，为防苗木带菌，可用10%硫酸铜溶液或2%石灰水、70%甲基硫菌灵可湿性粉剂500倍液浸1小时，或用47℃恒温水浸40分钟、45℃恒温水浸渍1小时，以杀死苗木根部病菌，栽植时嫁接口露出地表，以防土壤中病菌从接口侵入。

（2）挖沟隔离：在病株或病区外挖1米以上的深沟进行封锁，防止病害向四周蔓延。

（3）加强栽培管理，增强树势，提高抗病力：采用配方施肥技术，增施有机肥，合理配比施用氮、磷、钾；注意雨后及时排水，防止果园渍害；科学修剪，疏花疏果，合理负载，防止大小年现象。

（4）加强其他病虫害的防治。

（5）病树治疗：经常检查树体地上部的生长情况，如发现果树生长衰弱，叶形变小或叶色褪绿等症状时，及时扒开根部周围土壤进行检查确定根部有病后，首先先将已霉烂的根切除；之后用401抗菌剂50倍液或1%硫酸铜液、70%甲基硫菌灵可湿性粉剂600倍液、50%代森锌500倍液或50%退菌特250～300倍液、硫酸铜100倍液、10%石灰乳涂抹伤口杀菌；再于根部土壤上浇灌药液或撒施药粉防治，可用40%五氯酚钠可湿性粉剂1千克加细干土40～50千克混匀后撒施于根茎部、或用上述药液以合理浓度浇灌病根部周围土壤中；最后刮除的病部和切除的霉根及从根茎周围扒出的土壤，携出园外，并换上无病菌的新土覆盖根部。病株处理上半年在4月至5月间进行，下半年在9月份进行，或在果树休眠期进行，但要避免在7月至8月高温干燥的夏季扒土施药。病树处理后，应增施肥料，如尿素和腐熟的人粪尿等，以促使新根产生，加快树势恢复。

十七、山楂圆斑根腐病

1.病原 由多种镰刀菌侵染所致，均为半知菌类真菌。主要有：腐皮镰刀菌：*Fusarium solani* (Mart.) App. Et Wollenw.；尖孢镰刀菌：*F. oxysporum* Schlecht；弯角镰刀菌：*F. camptoceras* Wollenw. Et Reink。

2.症状鉴别 须根先变褐枯死，围绕须根基部产生红褐色圆形病斑，后扩展到肉质根。严重时病斑融合，深达木质部，致整段根变黑死亡，继而引起地上部树体枯死，是引起树体枯死重要原因之一（图1–17–1，图1–17–2）。

图1–17–1 山楂圆斑根腐病须根腐烂

图 1–17–2 山楂圆斑根腐病根

3. 发病规律 三种镰刀菌均为土壤习居菌或半习居菌，可在土壤中长期营腐生生活。当山楂树根系生长衰弱时，病菌侵入根部发病。果园土壤黏重板结、盐碱过重、长期干旱缺肥，水土流失严重，大小年现象严重及管理不当的果园发病较重。

4. 防治要点

（1）加强栽培管理，增强树势，提高抗病力：旱浇涝排防止果园渍害；冬春季适时深翻果园，生长季节及时中耕锄草和保墒，改良土壤结构，防止水土流失；科学修剪，调节树体结果量，控制大小年；增施有机肥，合理配比施用氮、磷、钾肥。

（2）药剂灌根：在早春或夏末病菌活动期，以树体为中心，挖深70厘米、宽30～45厘米的辐射沟3～5条，长以树冠投影外缘为准，浇灌50%甲基硫菌灵 · 硫磺悬浮剂1 000倍液或20%甲基立枯磷乳油1 200倍液、40%甲醛100倍液、50%腐霉利可湿性粉剂1 000～1 500倍液、65%抗霉威可湿性粉剂600～800倍液等，施药后覆土。

（3）晾根刮治病斑：春、秋扒土晾至大根，并刮除病部或截除病根，晾根期间避免树穴内灌入水或雨淋。晾7～10天后，用1∶1∶100倍式波尔多液或波美3～5度石硫合剂、45%晶体石硫合剂30倍液灌根，或在伤口处涂抹50%多菌灵或47%加瑞农可湿性粉剂300～400倍液、4%春雷霉素可湿性粉剂200～300倍液等。

十八、山楂根朽病

1.病原 为担子菌类：*Armillariella tabescens* (Scop.et Fr.)Singer。危害根颈和主根。

2. 症状鉴别 病斑不规则形，红褐色，皮层松软，皮层与木质部之间充满白色至淡黄色的扇状菌丝层，将皮层分离为多层薄片。在黑暗处病组织可发出蓝色荧光。发病初期仅皮层溃烂，后期木质部也腐朽。高温多雨季节，在树根茎部及露出土面的病根上常有丛生米黄色蘑菇状子实体（图1–18–1，图1–18–2）。

3. 发病规律 病菌在病树根部或随病残组织在土壤中越冬，主要靠病根与健根的接触和病残组织的转移传播，一般幼树很少发病，盛果期的树尤其是老树受害重。

4. 防治要点

（1）农业防治：①深翻扩穴，增

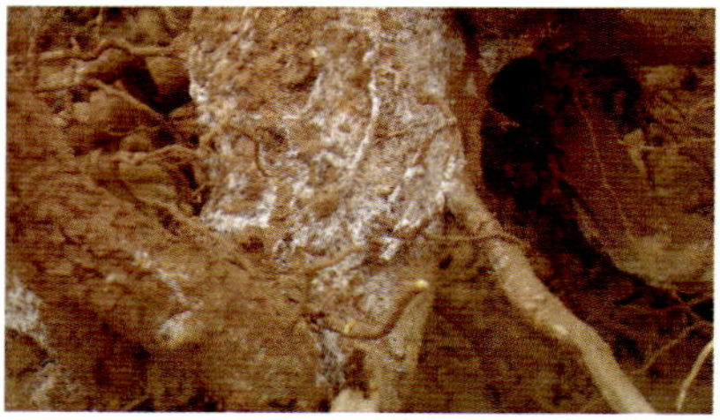

图 1–18–1 山楂根朽病部白色菌丝

图 1–18–2 山楂根朽病部蘑菇状子实体

施有机肥，埋压绿肥，改善土壤理化性状。②在果园内初见病株时，在其周围挖1米以上的深沟，防止病菌向邻近健树传播蔓延。③对将要死亡或已经枯死的树应尽早挖除，并彻底清除病残根，对病穴土壤浇灌40%甲醛100倍液或五氯酚钠150倍液，进行土壤消毒。

（2）药剂防治：切除已腐朽病根，将病根及其周围土壤清除出园外，并换上无病新土，用40%甲醛100倍液浇灌根部周围土壤，施入有机肥及草木灰，覆土整平。

十九、山楂立枯病

1.病原 为半知菌类立枯丝核菌：*Rhizoctoniasolani* Kuhn。危害幼苗。

2.症状鉴别 由于侵染时期不同，有猝倒和立枯两种类型。幼苗刚出土，组织幼嫩时感病，在根茎处发生水渍状病斑，幼苗倒伏，即为猝倒型。在幼苗组织已木质化后发病，根部腐烂，茎叶枯黄，但不倒伏，则为立枯型（图1–19–1，图1–19–2，图1–19–3）。

图 1–19–1 山楂立枯病猝倒型

图 1–19–2 山楂立枯病立枯型

图 1–19–3 山楂立枯病幼树

3.发病规律　病菌以菌丝体或菌核在土壤中或病残体上越冬。随流水、肥料等传播。低温潮湿、土壤板结容易加重病情；塑料大棚育苗以及幼苗过密时发病较重，用锯末育苗发病则轻。

4.防治要点

（1）选地育苗：选择壤土或沙壤土质、富含有机质的园地育苗，避免和瓜类、豆类及前茬山楂苗圃地重茬。

（2）药剂防治：①拌种或浸种，用50%福美双可湿性粉剂600倍液或25%多菌灵可湿性粉剂500倍液、40%福·多可湿性粉剂400倍液等拌种；或用0.5%黑矾水浸种5分钟。②在幼苗出土20天后，严格控制灌水。③幼苗期喷药防治，在幼苗2～3个真叶和4～5个真叶时，分别灌施1%硫酸亚铁液。发病初期，用50%多·硫悬浮剂1 000倍液或70%甲·福可湿性粉剂800倍液、70%代森锰锌可湿性粉剂1 200倍液等喷雾防治。

二十、山楂缺铁症

1.病因　为生理性病害。当土壤过碱和含有多量碳酸钙、以及土壤湿度过大时，使可溶性铁变为不溶性状态，植株无法吸收，导致树体缺铁。可造成叶片组织坏死或落叶。

2.症状鉴别　又称“黄叶病”，在刚展叶时叶片尚为绿色，当新梢速长期和展叶期，生长发育所需铁元素增加而土壤供应不足时出现症状。首先是新梢叶片叶肉部分变黄而叶脉仍为绿色，逐渐全叶变黄，严重时叶片黄化部分坏死，梢部枯死；病树枝条不充实，不易成花；病树果实鲜红，而正常树果实暗红色。

3.防治要点

（1）改良土壤：释放被固定的铁元素，是防治缺铁症的根本性措施。通过增施有机肥，种植绿肥等措施，增加土壤有机质含量，改变土壤的理化性质，释放被固定的铁。盐碱地通过挖沟排水，降低地下水等措施，改土治碱；黏土地通过掺沙改黏，增加土壤透水性等措施改良土壤。

（2）补充铁素：①将3%硫酸亚铁与饼肥或牛粪混合施用。方法是：将0.5千克硫酸亚铁溶于水中，与5千克饼肥或50千克牛粪混匀后施入根部，有效期约半年。②把3%硫酸亚铁与有机肥按1∶5的比例混合，每株施用2.5～5千克，效果达2年以上。③发芽前枝干喷洒0.3%～0.5%的硫酸亚铁溶液，或喷洒硫酸亚铁1份＋硫酸铜1份＋生石灰2.5份＋水360份混合液。④发病初期叶面喷洒0.4%硫酸亚铁溶液，7～10天1次，连喷2～3次。

第二章

山楂害虫鉴别与无公害防治

一、山楂小食心虫

山楂小食心虫属鳞翅目，卷叶蛾科。学名：*Grapholitha prunivorana* Ragonot。分布于辽宁及周边产区。危害山楂果实。

1.危害特点 幼虫蛀果危害，蛀果前常在果面吐丝结网，于网下蛀入果内果核附近，取食近核处果肉，果孔处流出泪珠状果胶，受害果内有大量虫粪。幼果被蛀多脱落，成长果被蛀部分脱落，对产量与品质影响极大。

2.形态鉴别 成虫：体长6～7毫米，翅展10～15毫米，暗灰褐色至深褐色；前翅长方形，前缘具7～8组白斜短纹，每组由2条组成；近外缘处排列着7～8个与外缘平行的棒状黑纹，翅面散生小白斑。卵：椭圆形，0.56毫米×0.4毫米，初黄色渐变红色。幼虫：体长6～7毫米，浅黄白色，头部深棕黄色。蛹：长7毫米，黄褐色（图2–1–1，图2–1–2，图2–1–3）。

图2–1–1　山楂小食心虫成虫

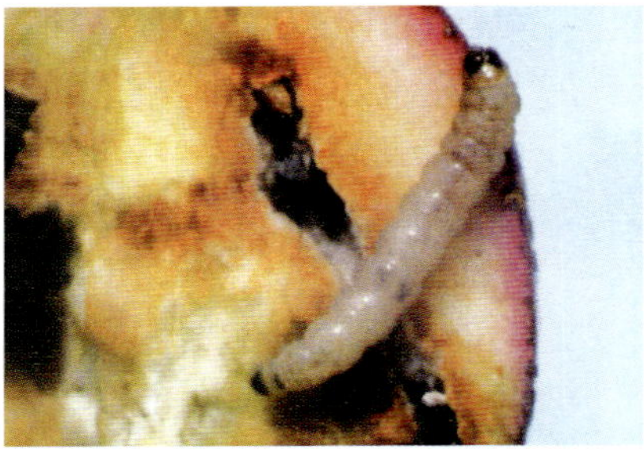

图2–1–2　山楂小食心虫幼虫

图2–1–3　山楂小食心虫蛹

3.发生特点 辽宁年发生2代，

以老熟幼虫蛀入干枯枝中或树皮缝、剪锯口裂缝中结茧越冬。4月中旬至5月中旬化蛹。5月中旬至6月初成虫羽化，成虫有趋光性。卵产于果实萼洼处，卵期5～7天，初孵幼虫从果面蛀入，6月下旬至7月上旬幼虫老熟脱果，爬至树干缝隙或枯枝中化蛹。8月初至9月上中旬进入第2代卵期，9月下旬至10月中旬，第2代幼虫老熟脱果越冬。天敌有食心虫白茧蜂等4种。

4.防治要点

（1）农业防治：冬春季彻底剪除病虫枯枝，集中烧毁；用硬刷子刮刷干枝皮缝，并用涂白剂涂干。

（2）成虫发生期利用黑光灯、糖醋液诱杀成虫；利用天敌防治害虫。

（3）药剂防治：卵孵化盛期至低龄幼虫期，喷洒25%灭幼脲3号悬浮剂或50%杀螟硫磷乳油、50%辛硫磷乳油、25%苏脲1号悬浮剂1 000倍液；5.7%百树菊酯乳油3 000倍液或20%杀灭菊酯乳油2 500倍液、2.5%敌杀死乳油2 000倍液、20%灭扫利乳油2 500～3 000倍液、50%地亚农乳油1 500倍液等。

二、山楂萤叶甲

山楂萤叶甲属鞘翅目，叶甲科。学名：*Lochmaea cratagi* Forst.，又名黄皮牛。分布于山西及周边产区。危害山楂蕾、花、嫩芽和果实。

1.危害特点　成虫食芽、叶和花蕾，致花蕾脱落，枝条延长生长停止；幼虫蛀食幼果，致大量落果，严重的造成果树绝产。

2.形态鉴别　成虫：体长5～7毫米，宽3～3.5毫米，长椭圆形，后端略膨大，体背布粗点刻。雌雄异型：雌橙黄色至淡黄褐色，胸部腹面色暗，触角、足黑褐色；雄虫头、触角、前胸背板、胸部腹面和小盾片及足均为黑褐色，鞘翅、腹部橙黄色至淡黄褐色，鞘薄半透明；各爪分2叉。卵：球形，直径0.75毫米左右，初土黄色渐至淡黄白色。幼虫：体长8～10毫米，头窄于前胸，米黄色，头部及各体节毛瘤、前胸盾和胸足外侧及第9腹节背板均为黑褐色；胴部13节。蛹：椭圆形，长6～7毫米，宽3.8～4.1毫米，初淡黄色渐与成虫体色近似（图2–2–1，图2–2–2，图2–2–3）。

3.发生特点　年发生1代，以成虫于树冠下土中越冬。翌春越冬成虫于山楂芽膨大露绿时开始出土

图2–2–1　山楂萤叶甲成虫

图 2—2—2 山楂萤叶甲幼虫

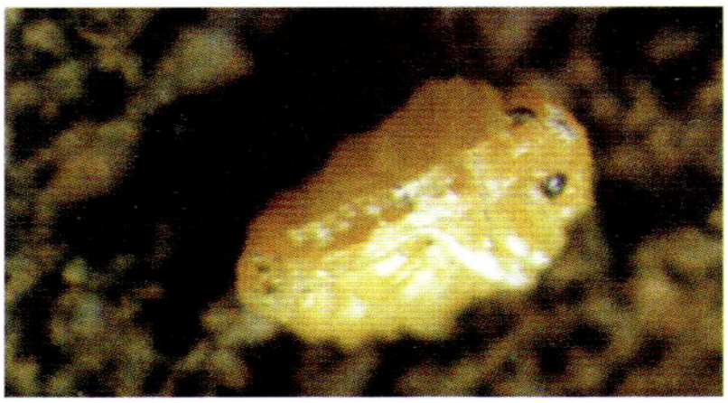

图 2—2—3 山楂萤叶甲蛹

上树危害，当气温达11℃、山楂花序露出时为出土盛期，4月中旬至5月上旬产卵。成虫出土后寿命30～40天，多在10～17时活动，食害芽、叶及花蕾，有假死性。卵散产于果枝、叶柄、果柄、叶花、萼片、幼果上。卵期20～30天，5月中下旬落花期，幼虫孵化并蛀果危害，终致被蛀果脱落，6月下旬老熟幼虫脱果于树下10～20厘米土层中，做蛹室化蛹，羽化后不出土即越冬。

4.防治要点

(1) 冬春季深翻树盘，利用低温和鸟食消灭越冬成虫。

(2) 5月下旬至6月下旬及时清除落果，集中烧毁，消灭未脱果幼虫。

(3) 地面药剂防治：于山楂芽膨大、成虫出土期，在距树干1米范围内施药治虫，每667平方米用50%辛硫磷颗粒剂5～7.5千克或50%辛硫磷乳剂0.5千克与50千克细沙土混合均匀撒入树冠下，或50%辛硫磷乳油800倍液对树冠下土壤喷雾。施用后，将地面用齿耙或锄来回搂耙几次，深5～10厘米，使药土混合，提高防治效果。

(4) 树上药剂防治：在卵孵化前后，树体喷洒2.5%溴氰菊酯乳油或20%杀灭菊酯乳油3 000倍液；10%氯氰菊酯乳油或20%中西除虫菊酯乳油2 000倍液；50%仲丁威乳油1 000～1 500倍液、50%辛·溴乳油1 500～2 000倍液等。

三、山楂超小卷蛾

山楂超小卷蛾属鳞翅目，卷叶蛾科。学名：*Pammene crataegicola* Liu et Komai。分布于吉林、辽宁、山东、河南、江苏等产区。危害山楂的花和果实。

1.危害特点 幼虫蛀花、蛀果并以丝缀连，终致萎蔫脱落。

2.形态鉴别 成虫：体长4～5毫米，翅展9～11毫米；体翅灰褐色；前翅前缘具10～12组灰白色和黑褐色相间的短斜纹，后缘中部具一灰白色三角形斑，两翅合拢时出现1个菱形斑。幼虫：末龄幼虫体长8～10毫米，头部褐色，体浅黄色；前胸盾后缘及臀板褐色（图2—3—1，

图2-3-2，图2-3-3，图2-3-4）。

图2-3-1　山楂超小卷蛾成虫侧面观

图2-3-2　山楂超小卷蛾幼虫

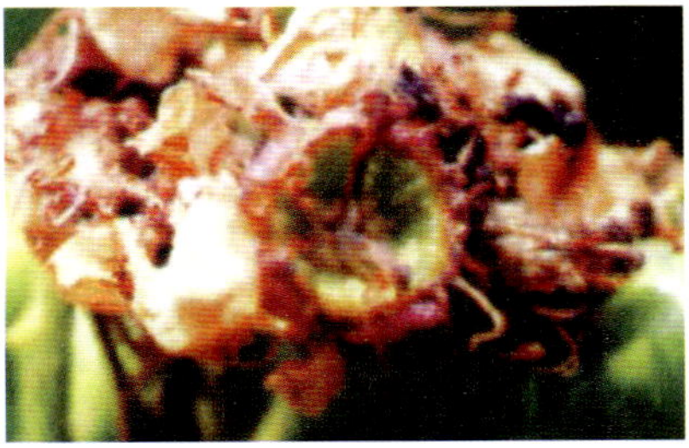

图2-3-3　山楂超小卷蛾幼虫害花序

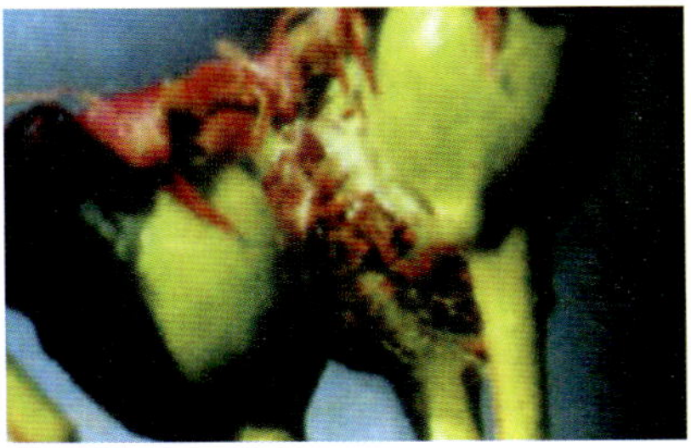

图2-3-4　山楂超小卷蛾幼虫害果

3.发生特点　年发生1代，以老熟幼虫在干、枝翘皮下或裂缝中结白色茧越夏或越冬。翌年春日均温3～5℃时开始化蛹，山楂花序分离期成虫羽化，卵单粒散产于叶背近叶缘处。天敌有赤眼蜂、甲腹茧蜂、狼蛛、白僵菌等。

4.防治要点

（1）农业防治：冬春季彻底刮除树体粗皮、翘皮、剪锯口周围死皮，消灭越冬幼虫；幼虫发生期及时摘除卷叶，杀灭其内幼虫。

（2）成虫发生期，树冠内挂糖醋液诱盆诱杀成虫，配液按糖：酒：醋：水之1：1：4：16配制。

（3）药剂防治：①越冬幼虫出蛰前用80%敌敌畏乳油200倍液或50%二嗪磷乳油300倍液、50%巴丹可湿性粉剂500倍液、18%杀虫双水剂400倍液等封闭剪锯口、枝杈及其他越冬场所。②掌握越冬幼虫出蛰盛期及卵孵化盛期后的关键时期施药，树体喷洒80%敌敌畏乳油或48%乐期本乳油、25%喹硫磷乳油、50%杀螟硫鳞乳油、50%马拉硫磷乳油1 000倍液；2.5%功夫乳油或2.5%敌杀死乳油、20%速灭杀丁乳油3 000～3 500倍液；10%天王星乳油4 000倍液或52.25%农地乐乳油1 500倍液等。

四、山楂花象甲

图 2-4-1　山楂花象甲成虫

图 2-4-2　山楂花象甲幼虫

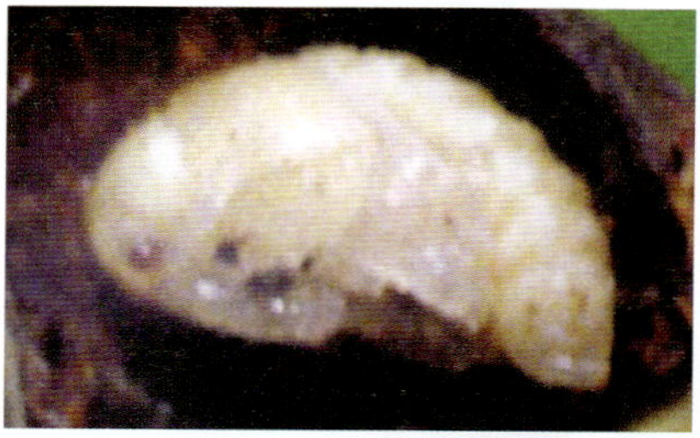

图 2-4-3　山楂花象甲蛹

山楂花象甲属鞘翅目，象甲科。学名：*Anthonomus* sp.，又名花苞虫。分布于吉林、辽宁、山西等产区。危害山楂蕾、花、芽、叶及果实。

1.危害特点　成虫危害嫩芽、嫩叶、花蕾、花及幼果，幼虫主要危害花蕾。危害叶背时啃食叶肉，残留上表皮，致叶面形成分散的“小天窗”。危害花蕾时，至蕾脱落或花不能开放。危害幼果果面，食掉果皮，使果面呈“麻脸”，或至幼果脱落。

2.形态鉴别　成虫：雌成虫浅赤褐色，雄暗赤褐色；体长3.3～4.0毫米，体背1/3处最宽；体表具灰白色至浅棕色鳞毛；头小，前端略窄；喙的长度等于前胸和头部之和；触角11节膝状，着生在喙端1/3处；头顶区灰白色鳞毛密集成一个“Y”形纹；前胸背板宽大于长，两侧近端部1/3处向前收缩变窄，中线附近鳞毛形成一纵向白纹，与头部“Y”形纹相连；中胸小盾片小而明显；鞘翅上具两条横纹。卵：小蘑菇形，长0.76～0.95毫米，初产白色渐变为浅黄色。幼虫：末龄幼虫体长5.6～7.0毫米，乳白色至浅黄色。蛹：长3.5～4.0毫米，浅黄色（图2-4-1，图2-4-2，图2-4-3）。

3.发生特点　年发生1代，以成虫在树干翘皮下越冬，翌年山楂花序露头时出蛰，新梢长至5～7厘米时，进入出蛰盛期，4月下旬成虫产卵，卵期9～13天，5月上旬初孵幼虫在花蕾内取食，10天后幼虫转移至花托基部危害，把花梗、花托咬断，造成落花落蕾。幼虫期17～22天，5月下旬至6月初化蛹于落地花蕾内。蛹期7～11天，6月上中旬成虫羽化，成虫羽化后取食幼果10

天左右，至6月底完全入蛰。

4. 防治要点

（1）农业防治：冬春季用硬刷子彻底刮刷树皮缝隙，并用涂白剂涂干，消灭越冬成虫；生长季节在受害花蕾落地后，及时搜集深埋或烧毁，以减少成虫对当年果实的危害。

（2）药剂防治：把成虫消灭在产卵之前，关键时间掌握在花蕾分离期（花序伸出期）前2～3天，喷洒40%辛硫磷乳油或50%丙硫磷乳油、50%马拉硫磷乳油、48%乐斯本乳油1 000～1 200倍液；20%速灭杀丁乳油2 000倍液或2.5%敌杀死乳油2 500～3 000倍液、10%氯氰菊酯乳油2 000～2 500倍液；5%氟啶脲乳油1 500～2 000倍液或50%杀虫王乳油1 000～1 500倍液等。

五、桃蛀螟

桃蛀螟属鳞翅目，螟蛾科。学名：*Dichocrocis punctiferalis* Guenee，又名桃蛀野螟、桃斑螟、桃实螟、桃果蠹、桃蠹螟、桃蠹心虫、桃蛀心虫、桃实虫、桃野螟蛾、桃斑纹野螟蛾、果斑螟蛾、豹纹蛾、豹纹斑螟。分布于全国各产区。危害桃、山楂、核桃、柿、杏、石榴、板栗等果树的果实。

1. 危害特点　幼虫从果与果、果与叶、果与枝的接触处钻入果实危害。果实内充满虫粪，致果实腐烂并造成落果或干果挂在树上。

2. 形态鉴别　成虫：体长10～12毫米，翅展24～26毫米，全体金黄色；胸、腹部及翅上都具有黑色斑点；触角丝状；雌蛾腹部末节呈圆锥形，雄蛾腹部末端有黑色毛丛。卵：椭圆形，长0.6～0.7毫米，乳白至红褐色。幼虫：体长22～25毫米，头部暗黑色，胸部暗红色或淡灰或浅灰蓝色，腹面淡绿色；前胸背板深褐色；中、后胸及第1至8腹节各有排成2列的大小毛片8个，前列6个，后列2个。蛹：褐色或淡褐色，长约13毫米（图2–5–1，图2–5–2）。

图2–5–1　桃蛀螟成虫

图2–5–2　桃蛀螟幼虫

3. 发生特点　黄淮地区1年发生4代，以老熟幼虫或蛹在僵果中、树皮裂缝、堆果场及残枝败叶中越冬。4月上旬越冬幼虫化蛹，下旬羽化产卵；5月中旬发生第1代；7月上旬发生第2代；8月上旬发生第3代；9月上旬为第四代，尔后以老熟幼虫或蛹越冬。成虫昼伏夜出，对黑光灯趋性强，对糖醋液也有趋性。卵散产于两果相并处和枝叶遮盖的果面或梗洼上，卵期7天左右。幼虫世代重叠严重，尤以第1、2代重叠常见，以第2代危害重。

4. 防治要点

（1）农业防治：冬春季节彻底清理树上、树下干僵果及园内枯枝落叶和刮除翘裂的树皮，清除果园周围的玉米、高粱、向日葵、蓖麻等遗株深埋或烧毁，消灭越冬幼虫及蛹。

（2）诱杀成虫：在果园内点黑光灯或放置糖醋液诱杀成虫。

（3）种植诱集作物诱杀：根据桃蛀螟对玉米、高粱、向日葵趋性强的特性，在果园内或四周种植诱集作物，集中诱杀。一般每667平方米种植玉米、高粱或向日葵20～30株。

（4）药剂防治：掌握在桃蛀螟第1、2代成虫产卵高峰期的6月20日至7月30日间喷药，施药3～5次，叶面喷洒90%晶体敌百虫800～1 000倍液或 20%杀灭菊酯乳油1 500～2 000倍液、2.5%溴氰菊酯乳油2 000～3 000倍液、50%辛硫磷乳油1 000倍液等。

六、李小食心虫

李小食心虫属鳞翅目，卷蛾科。学名：*Grapholitha funebrana* Treitscheke，又名李小蠹蛾。分布于长江以北产区。危害李、山楂、樱桃、桃、杏等果树的果实。

1. 危害特点　幼虫蛀果危害，蛀果前在果面吐丝结网，于网下蛀入果内果核附近，取食近核处果肉，果孔处流出泪珠状果胶，受害果内有大量虫粪，粪中无蛹壳。幼果被蛀多脱落，成长果被蛀部分脱落，对产量与品质影响极大。

2. 形态鉴别　成虫：体长4.5～7毫米，翅展11～14毫米，体背灰褐色，腹面灰白灰；前翅狭长烟灰色，翅面密布小白点，在近顶角和外缘，白点排成较整齐的横纹，缘毛灰褐色；后翅淡烟灰色，缘毛灰白色。卵：扁平圆形，长0.6～0.7毫米，淡黄色。幼虫：体长12毫米左右，桃红色，腹面色淡；头、前胸盾黄褐色，臀板淡黄褐或桃红色。蛹：长6～7毫米，暗褐色。茧：长约10毫米，纺锤形污白色（图2-6-1，图2-6-2，图2-6-3）。

3. 发生特点　年发生1～4代，多数地区2～3代。均以老熟幼虫在树干周围土中、杂草等植被下及树皮裂缝中结茧越冬。各地成虫发生期：辽西越冬代5月中旬，第1代6

图 2–6–1　李小食心虫成虫

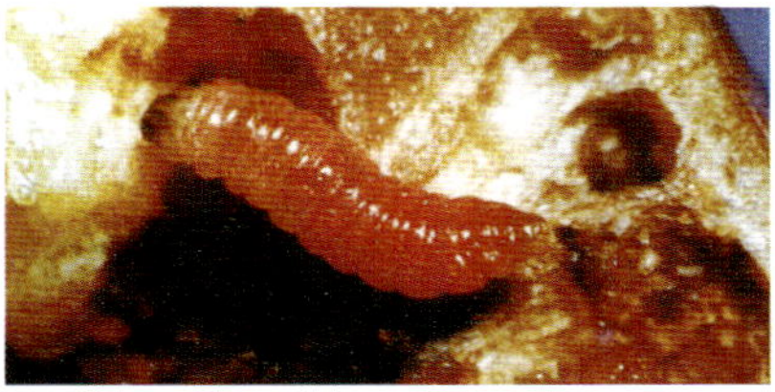

图 2–6–2　李小食心虫幼虫

图 2–6–3　李小食心虫蛹

月中下旬 ，第2代7月中下旬；山西忻州越冬代4月上旬至5月上旬，第1代5月下旬至6月下旬，第2代6月中旬至8月上旬，第3代7月下旬至8月下旬。成虫昼伏夜出，有趋光和趋化性；卵散产于果面上，卵期4～7天。孵化后即蛀果，果核未硬直入果心，被害果极易脱落，部分幼虫蛀果2～3天即转果，约经15天老熟脱果，于树皮缝、表土内结茧化蛹。第2代幼虫蛀食果肉至蛀孔流胶，被害果多不脱落，幼虫危害20余天老熟脱果，部分结茧越冬，发生3代者继续化蛹。第3～4代幼虫多从果梗基部蛀入，被害果多早熟脱落，末代幼虫老熟后脱果结茧越冬。天敌有食心虫、白茧蜂等4种。

4. 防治要点

(1)成虫发生期利用黑光灯、糖醋液诱杀成虫；利用天敌防治害虫。

(2) 落花后越冬代成虫羽化出土前防治：①于树盘压土6～10厘米厚拍实，使成虫不能出土，待成虫羽化完毕及时撤土防止果树翻根。②在树冠下以干周半径1米范围内地面撒药，毒杀羽化成虫，可喷洒50%辛硫磷乳油1 000倍液，20%杀灭菊酯乳油或2.5%敌杀死乳油2 000倍液等。

(3) 卵孵化盛期至低龄幼虫期药剂防治：喷洒25%灭幼脲3号悬浮剂或50%杀螟硫磷乳油、25%苏脲1号乳油1 000倍液，5.7%百树菊酯乳油3 000倍液等。

七、桃小食心虫

桃小食心虫属鳞翅目，蛀果蛾科。学名：*Carposina niponensis* Walsingham，又名桃蛀果蛾、桃小实虫、桃蛀虫、桃小食蛾、桃姬食心虫。简称“桃小”，俗称“豆沙馅”、“枣蛆”。全国各产区均有分布。危害桃、山楂、枣、石榴、苹果、梨、李等果树的果实。

1.危害特点 幼虫从果实胴部蛀入，蛀孔流出泪珠状果胶，不久干涸，蛀孔愈合成一小黑点略凹陷。幼虫入果后在果内乱窜，排粪于其中，俗称“豆沙馅”，遇雨极易造成烂果。

2.形态鉴别 成虫：体灰褐或灰白色；雌虫体长7～8毫米，翅展16～18毫米；雄虫体长5～6毫米，翅展13～15毫米；前翅近前缘中部处有一近三角形的黑色大斑，后翅灰色；触角丝状。卵：深红色，竖椭圆形或桶形，以底部黏附在果实上，端部环生2～3圈“Y”形生长物。幼虫：体长13～16毫米，幼龄体色黄白或白色，成龄桃红色。蛹：体长6.5～8.6毫米，淡黄白至黄褐色。茧：越冬茧扁圆，长约6毫米；夏茧纺锤形，长约13毫米，均由幼虫吐丝缀合细土粒而成（图2–7–1，图2–7–2，图2–7–3，图2–7–4，图2–7–5）。

3.发生特点 年发生1～2代，以老熟幼虫在土内作冬茧越冬。翌年5月上、中旬越冬幼虫开始出土，6至7月越冬成虫羽化。成虫昼伏夜出，无趋光性和趋化性。成虫产卵于果实上，卵期8天左右。初孵幼虫蛀入果内危害，第1代幼虫危害期为6月下旬至8月，幼虫老熟后，咬一个圆孔，爬出孔口直接落地，结茧

图2–7–1 桃小食心虫成虫

图2–7–2 桃小食心虫卵

图2–7–3 桃小食心虫出土幼虫

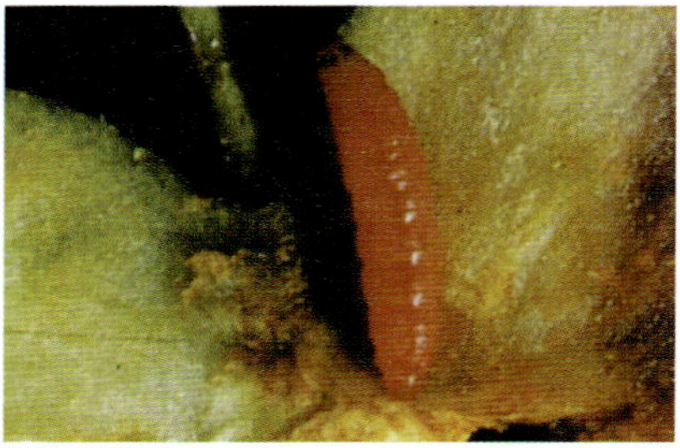

图2–7–4 桃小食心虫老熟幼虫

图 2-7-5　桃小食心虫冬茧(上)夏茧(下)

化蛹继续发生第2代或入土结茧越冬。脱果幼虫多集中于树干基部背阴面距树干0.3～1米范围内、深度3厘米左右的土层内结冬茧越冬。

4.防治要点

(1) 诱捕器诱杀：应用桃小性信息素橡胶芯载体，制成水碗式诱捕器悬挂在果园内，诱杀雄蛾。

(2) 农业防治：于5月前在树干周围1米范围内培以30厘米厚的土并踩实，或覆盖农膜，将越冬幼虫和羽化成虫闷死于土内，雨季及时扒去培土，以防烂根。

(3) 地面药剂防治：于幼虫出土期，在距树干1米范围内施药治虫，每667平方米用50%辛硫磷颗粒剂5～7.5千克或50%辛硫磷乳剂0.5千克与50千克细沙土混合均匀撒入树冠下，或50%辛硫磷乳油800倍液对树冠下土壤喷雾。施药后，需将地面用齿耙搂耙几次，深5～10厘米，使药土混合，提高防治效果。

(4) 树上药剂防治：在卵临近孵化时，喷洒2.5%溴氰菊酯乳油或20%杀灭菊酯乳油3 000倍液；10%氯氰菊酯乳油或20%中西除虫菊酯乳油2 000倍液；40%辛硫磷乳油1 000倍液等。

八、梨小食心虫

梨小食心虫属鳞翅目，卷蛾科。学名：*Grapholitha molesta* Busck，又名梨小蛀果蛾、梨姬食心虫、桃折梢虫、东方蛀果蛾，简称“梨小”。分布于全国山楂产区。危害梨、山楂、苹果、桃、李、杏、樱桃、柿、枇杷等果树的蕾、花、芽、叶及果实。

1.危害特点　幼虫食害蕾、花、芽、叶和果实。幼虫吐丝将叶片缀成饺子状，在其中取食叶肉，残留灰白色表皮。果实受害初果面现一黑点，后蛀孔四周变黑腐烂，形成黑疤，疤上仅有一小孔，但无虫粪，果内有大量虫粪形成“豆沙馅”。新梢被害后，顶端出现流胶，髓部被蛀空，梢端枝叶枯死易折断。

2.形态鉴别　成虫：体长6～7毫米，翅展13～14毫米，体灰褐色；触角丝状；前翅前缘有8～10条白色斜纹，外缘有10个小黑点，翅中央偏外缘处有1个明显的小白点；后翅暗褐色，基部颜色稍浅。卵：扁椭圆形，长约2.8毫米，初乳白渐变为淡黄色。幼虫：低龄幼虫体白色；老熟幼虫体长10～14毫米，头褐色，体淡黄白色或粉红色，臀板上有深褐色斑点；腹末有臀栉4～7根。蛹：纺锤形，长约7毫米，黄褐色。蛹外包有丝质白色薄茧（图2–8–1，图2–8–2，图2–8–3，图2–8–4）。

图2–8–1 梨小食心虫成虫

图2–8–2 梨小食心虫低龄幼虫

图2–8–3 梨小食心虫幼虫

图2–8–4 梨小食心虫蛹

3. 发生特点 北方年发生3～4代，南方发生6～7代。均以老熟幼虫在干、枝粗皮缝隙内、落叶或土中结茧越冬。华北、山东、陕西等地，越冬代成虫4月下旬至6月中旬发生，以后世代重叠严重。第1代成虫5月下旬至7月上旬发生。各虫态历期：卵期5～10天，幼虫期25～30天，蛹期7～10天，除最后1代幼虫越冬外，完成1代约需40～50天。成虫于傍晚活动，对糖醋液和烂果有趋性。成虫产卵于嫩叶背面，幼虫孵化后从新梢项端蛀入，向下蛀食达老化的木质部。危害果实的产卵于果实胴部，幼虫孵化后蛀入果核周围串食，被害果易脱落，幼虫老熟后向果外咬一个虫孔脱果，爬至枝干粗皮处或果实基部结茧化蛹。第1、2代主要危害山楂、桃、李、杏的新梢，3、4代危害山楂、桃、苹果、梨的果实。因此，在核果类和仁果类混栽或毗邻的果园，虫害发生的情况较重。天敌有赤眼蜂、齿腿瘦姬蜂、小茧蜂、钝唇姬蜂、白僵菌等。

4. 防治要点

（1）农业防治：①冬春季刮除树干和主枝上的翘皮，清扫果园中的枯枝落叶，集中烧掉或深埋，消灭其中越冬幼虫。②在果树生长前期，及时剪除被害、刚萎蔫新梢。被害梢枯干时，其中的幼虫已转移。③及时拾取落地果实深埋，切忌散堆于树下。

（2）诱杀成虫。①用红糖、蜂

蜜、水按1∶1∶15的比例，加入1%其他杀虫剂，配成诱杀液，装入盆碗或瓶内，挂在树上诱杀成虫。②利用性外激素诱芯。成虫发生期，在每株树上挂1个梨小食心虫性外激素诱芯，干扰雌雄成虫交尾，使雌成虫不能产生正常卵。

（3）药剂防治：各代卵孵化前后是关键时期。可喷洒50%杀螟硫磷乳油或80%敌敌畏乳油、90%晶体敌百虫1 000倍液；48%乐斯本乳油或30%桃小灵乳油2 000倍液；2.5%溴菊酯乳油或10%氯氰菊酯乳油2 500倍液、20%氰戊菊酯乳油2 000～2 500倍液、10%甲氰菊酯乳油3 000倍液、25%灭幼脲悬浮剂1 500倍液等。

九、金环胡蜂

金环胡蜂属膜翅目，胡蜂科。学名：*Vespa mandarinia* Smith，又名桃胡蜂、人头蜂、葫芦蜂、马蜂。分布于全国大部分产区。危害山楂、苹果、梨、桃、葡萄、柑橘等果树的果实。

1.危害特点　成虫食害成熟的果实或吸取汁液，食成孔洞或空壳，仅残留果核或果皮。

2.形态鉴别　成虫：蜂后体长约40毫米，翅展约80毫米；工蜂头部橘黄色，头顶后缘、复眼四周及足黑褐色；触角12节膝状；胸部黑褐色，前胸背板前缘两侧黄色，翅基片棕色；翅膜质半透明，翅脉及其前缘色浓；腹部第6节橙色，其余背板为棕黄与黑褐色相间；体背疏被棕色毛。雄蜂体长约34毫米，翅展约68毫米，与雌蜂近似，体上被有较密棕色毛。卵：长椭圆形，长1～2毫米，白色。幼虫：体长35～40毫米，白色无足，口器红褐色，体侧具刺突。蛹：长35～40毫米，初白色渐变为黑褐色。蜂巢灰褐色，人头形或葫芦形，上具一孔口，故有葫芦蜂或人头蜂之称，内具数层至数十层蜂室，多悬在树枝上或树洞里及岩缝中（图2-9-1）。

图2-9-1　金环胡蜂成虫

3.发生特点　以受精的蜂后在树洞、墙或岩缝处越冬。翌春4月下旬至5月上旬开始活动，1个蜂后筑1个巢，同时将卵产在蜂室棱角处，每室1卵，卵期7天。幼虫以尾端丝钩黏附在室壁上，幼虫期20天，老熟幼虫吐丝封闭蜂室口化蛹，蛹期8～9天，羽化成虫均系工蜂。蜂后以各种软体昆虫为食，主要任务是产卵，

7月至8月繁殖快，到秋季一巢蜂多达数千只或上万只；工蜂任务是筑巢和哺饲幼虫，果树成熟期，工蜂取食果汁、果肉后，回巢饲喂幼虫。新蜂后育成后，老蜂后死去，新蜂后与雄蜂交配受精，离巢寻找越冬场地越冬。工蜂和雄蜂多死亡。

4.防治要点

（1）移蜂巢：于晚间把果园或附近胡蜂巢移入远离果园农田，利用其捕食农田害虫，避免其危害果实。但须注意防止蜂蜇人。

（2）火烧蜂巢：必须灭蜂时，可在晚上用布网套住蜂巢，集中消灭，也可用竹竿绑上火把烧毁。

（3）诱杀成虫：用红糖、蜂蜜、水按1∶1∶15的比例，加入1%其他杀虫剂，配成诱杀液，装入盆碗或瓶内，挂在树上诱杀成虫。

（4）药剂防治：必要时可在果实成熟前25天喷洒90%晶体敌百虫乳油或40%辛硫磷乳油1 000倍液；25%爱卡士乳油2 500倍液、10%乙氰菊酯乳油2 500倍液、2.5%功夫菊酯乳油2 000倍液、10%天王星乳油3 000倍液等。

十、白小食心虫

白小食心虫属鳞翅目，卷蛾科。学名：*Spilonota albicana* Motsch.，又名苹果白蛀蛾、苹白小卷蛾等，简称“白小”。分布于全国各产区。危害山楂、樱桃、苹果、梨、桃、李、杏等果树芽、叶片及果实。

1.危害特点　低龄幼虫咬食幼芽、嫩叶，并吐丝把叶片缀连成卷，在卷叶内危害；后期幼虫则从萼洼或梗洼处蛀入果心危害，蛀孔外堆积虫粪，粪中常有蛹壳，用丝连结不易脱落。

2.形态鉴别　成虫：体长约6.5毫米，翅展约15毫米，体灰白色；头胸部暗褐色，前翅中部灰白色、端部灰褐色。前缘近顶角处有4或5条黑色棒纹，后缘近臀角处有一暗紫色斑。卵：扁椭圆形，初白色渐变为暗紫色。幼虫：体长10～12毫米，体红褐色，头浅褐色，前胸盾、臀板、胸足黑褐色。蛹：长约8毫米，黄褐色（图2–10–1，图2–10–2，图2–10–3）。

图2–10–1　白小食心虫成虫

图2–10–2　白小食心虫越冬幼虫

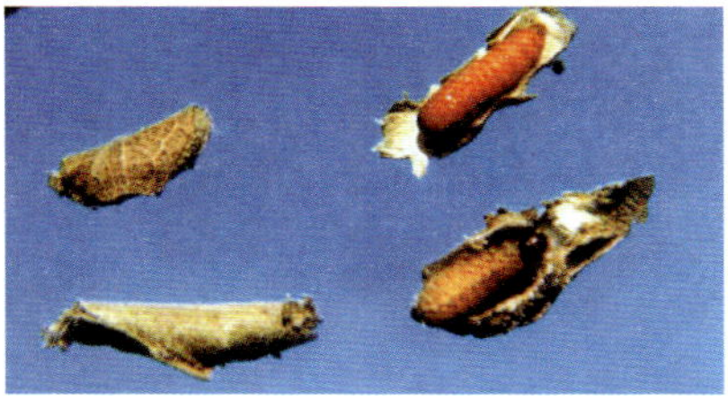

图 2–10–3 白小食心虫茧和幼虫

3.发生特点 辽宁、山东、河北年发生2代，以低龄幼虫在干、枝粗皮缝内结茧越冬。翌年果树萌动后，幼虫取食嫩芽、幼叶，吐丝缀叶成卷，居中危害，幼虫老熟后在卷叶内结茧化蛹，越冬代成虫于6月上旬至7月中旬羽化，早期成虫产卵在桃和樱桃叶背，后期卵产在山楂、苹果等果实上。幼虫孵化后多自萼洼或梗洼处蛀入。老熟后在被害处化蛹、羽化。第1代成虫于7月中旬至9月中旬发生，仍产卵果实上，幼虫危害一段时间脱果潜伏越冬。

4.防治要点

（1）农业防治：①冬春季，用硬刷子刮除老树皮、翘皮，集中烧毁或深埋。②春夏季，及时剪除山楂树被蛀梢端萎蔫而未变枯的树梢，及时处理。③幼虫脱果越冬前，树干束草诱集幼虫越冬，于来春出蛰前取下束草烧毁。

（2）药剂防治：在卵临近孵化时，喷洒2.5%溴氰菊酯乳油或20%杀灭菊酯乳油3 000倍液；10%氯氰菊酯乳油或20%中西除虫菊酯乳油2 000倍液；50%辛硫磷乳油1 000倍液或20%啶虫脲可湿性粉剂2 000～2 500倍液、5%农梦特乳油1 500～2 000倍液；10%联苯菊酯乳油2 000倍液等。

十一、山楂绢粉蝶

山楂绢粉蝶属鳞翅目，粉蝶科。学名：*Aporia crataegi* Linnaeus。又名山楂粉蝶、苹果粉蝶、苹果白蝶、梅白粉蝶、树粉蝶。分布于全国各产区。危害山楂、苹果、梨、李、杏、樱桃、桃等果树的花、芽和叶。

1.危害特点 幼虫危害芽、叶和花蕾，初孵幼虫群居于树冠上，吐丝结网成巢，日间潜伏于巢内，夜晚危害；随虫龄增大，分散危害，严重时将树叶食光。

2.形态鉴别 成虫：体长22～25毫米，翅展64～76毫米，体黑色，头胸及足被淡黄白色至灰白鳞毛，触角棒状；翅白色，翅脉黑色，前翅外缘各脉末端都有1个三角形黑斑；雌腹部较大，雄瘦小。卵：柱形，顶端稍尖，高1～1.5毫米，直径约0.5毫米左右，初产金黄渐变淡黄色。幼虫：体长38～45毫米，体上有稀疏淡黄色长毛间有黑毛，间布许多小黑点；头胸部、胸足和臀板黑色；胴部背面有3条黑色纵带，其间夹有2条黄褐色纵带，腹面紫灰色。蛹：长约25毫米，分黑色和黄色两种形态，体上布许多黑色斑点（图2–11–1，图2–11–2，图2–11–3，图2–11–4，图2–11–5）。

图2–11–1 山楂绢粉蝶成虫

图2–11–2 山楂绢粉蝶卵

图2–11–3 山楂绢粉蝶幼虫

图2–11–4 山楂绢粉蝶蛹

图2–11–5 山楂绢粉蝶越冬虫巢

3.发生特点 年发生1代，以低龄幼虫群集在树冠上用丝缀叶成巢并在其中越冬。寄主春季发芽时开始活动，夜伏昼动，群集危害芽、嫩叶和花器。较大幼虫离巢危害，老熟幼虫在枝干、树下杂草、砖石瓦块等处化蛹，蛹期14～23天。成虫白天活动，在株间飞舞吸食花蜜。单雌产卵200～500粒，卵多块产于嫩叶正面，卵期10～17天。低龄幼虫在叶面上群居啃食，并吐丝缀连被害叶成巢。于8月间在巢内结茧群集越冬。天敌有黑瘤姬蜂、绒茧蜂、寄蝇等。

4.防治要点

（1）摘虫巢灭虫：冬春季彻底摘除树上不脱落的枯叶虫巢，消灭其内越冬幼虫，此法简单有效，防虫效果较好。

（2）卵期摘卵块灭卵。

（3）药剂防治：卵孵化前后是防治的关键期，可喷洒50%马拉硫磷乳油或48%乐斯本乳油、80%敌敌畏乳油、50%杀螟硫磷乳油、25%

喹硫磷乳油1 000～1 200倍液；2.5%功夫乳油或2.5%敌杀死乳油、20%速灭杀丁乳油3 000～3 500倍液；10%联苯菊酯乳油4 000倍液或52.25%农地乐乳油1 500倍液等。

十二、梨叶斑蛾

梨叶斑蛾属鳞翅目，斑蛾科。学名：*Illiberis pruni* Dyar。又名梨星毛虫、俗称包饺子虫、裹叶虫。分布于全国各产区，危害梨、山楂、苹果、杏、桃、樱桃等果树的叶片和花蕾。

1.危害特点　幼虫吐丝将叶片缀合包成“饺子”状，在其内取食叶片、花蕾，叶片仅残留表皮和叶脉呈网状，严重时满树是食尽叶肉的苞叶，一片红色，新幼虫二次危害，食叶片呈油纸状，树冠呈灰白色。

2.形态鉴别　成虫：体长8～13毫米，翅展18～30毫米，体及翅暗青蓝色有光泽，翅半透明，翅缘浓黑色；雌蛾触角锯齿状，雄蛾触角双栉齿状。卵：扁椭圆形，长约0.8毫米，初产黄白色渐变为紫褐色。幼虫：老熟时体长约20毫米；头黑褐色，胴部乳白色或淡黄色，背线黑褐色，体背各节两侧各有近圆形的黑斑，各节有横列的瘤状突起6个，每个瘤突上生有数十根白色细毛。蛹：长约11毫米，淡黄至黑褐色，被以双层白色丝茧（图2－12－1，图2－12－2，图2－12－3，图2－12－4，图2－12－5，图2－12－6）。

图2－12－1　梨叶斑蛾成虫

图2－12－2　梨叶斑蛾卵

图2－12－3　梨叶斑蛾低龄幼虫

图2－12－4　梨叶斑蛾成龄幼虫

图 2-12-5　梨叶斑蛾茧

图 2-12-6　梨叶斑蛾蛹

3.发生特点　年发生1～2代。以2龄幼虫在树皮缝里结灰白色茧越冬。春季主要危害花芽、幼叶、花蕾；4月下旬花开、展叶后，幼虫缀合叶片呈饺子状，躲于其中啃食叶肉，被害叶仅残留表皮及叶脉，呈焦枯状，有时也危害靠近叶片的果实。1头幼虫可危害7、8片叶，5月中下旬在包叶中结白色茧化蛹，蛹期10天左右。6月中下旬成虫羽化，飞翔力不强，昼伏夜出，卵块产于叶面，每块卵量80～100多粒；早晨气温低时成虫易被震落。卵期7～8天。7月初幼虫孵化危害，7月下旬2龄幼虫陆续在粗皮下、裂缝中做茧休眠越冬。有少数可继续发育至第2代幼虫，危害至10月做茧越冬。天敌有梨星毛虫悬茧蜂、金光小寄蝇等。

4.防治要点

（1）农业防治：①冬春季用硬刷子刮刷树皮翘缝，消灭越冬幼虫。②幼虫发生期及时摘除虫叶和虫苞，消灭苞内幼虫。

（2）药剂防治：花芽膨大期至开花初期及7月中旬幼虫孵化期，是药剂防治的两个有利时机。可喷洒50%丙硫磷乳油1 500倍液或50%马拉硫磷乳油1 000倍液、2.5%溴氰菊酯乳油4 000倍液、50%敌敌畏乳油1 500倍液、25%灭幼脲胶悬剂1 200倍液、20%甲氰菊酯乳油2 000倍液等。

十三、山楂喀木虱

山楂喀木虱属同翅目，木虱科。学名：*Cacopsylla idiocrataegi* Li。分布于辽宁、吉林、河北、山西等产区。危害山楂花和叶。

1.危害特点　若虫在嫩叶背面、花梗、萼片上取食，分泌的白蜡丝密集垂吊在花序或叶片下面，似棉絮状，受害叶扭曲变形、枯黄早落，或造成花序萎蔫脱落。

2.形态鉴别　成虫：夏型体橘黄色至黄绿色，冬型色深，沿中缝两侧黄色；体长2.6～2.9毫米，雌略大，初羽化时草绿色渐变至黑褐色；前胸背板黄绿色，中央有黑斑；翅脉黄色。卵：纺锤形，初乳白色渐变橘黄色。若虫：初孵若虫体浅黄色，臀板橘黄色；5龄若虫草绿色，背中线明显（图2–13–1，图2–13–2，图2–13–3，图2–13–4）。

图2–13–1　山楂喀木虱雌成虫

图2–13–2　山楂喀木虱雄成虫

图2–13–3　山楂喀木虱卵

图2–13–4　山楂喀木虱若虫

3.发生特点　辽宁年发生1代，以成虫越冬，翌年3月下旬日均温达5℃时，越冬成虫出蛰活动。4月上旬交尾产卵，卵多产在叶背或花苞上，几粒至数十粒1堆。卵期10～12天。初孵若虫多在嫩叶背取食，并分泌白色蜡丝。5月下旬若虫羽化为成虫。成虫善跳，有趋光性及假死性。

4.防治要点

（1）成虫发生期利用黑光灯诱杀成虫。

（2）药剂防治：3月下旬至4月初越冬成虫大部分出蛰、尚未产卵时喷洒40%辛硫磷乳油1 000倍液或20%抑食肼可湿性粉剂1 500～2 000倍液、5%虱螨脲乳油1 500倍液、25%扑虱灵乳油2 000倍液、52.25%农地乐乳油1 500倍液等。5月份山楂开花前后再防治1次若虫，即可控制危害。

十四、山楂叶螨

山楂叶螨属蜱螨目，叶螨科。学名：*Tetranychus viennensis* Zacher，又名山楂红蜘蛛。华北及中南地区产区均有发生。危害山楂、樱桃、桃、杏、李等果树的芽、叶和果实。

1.危害特点　以幼、若、成螨危害芽、叶、果实，常群集在叶片背面的叶脉两侧拉丝结网，在网下刺吸叶片的汁液。被害叶片出现失绿斑点，渐变成黄褐色或红褐色、枯焦乃至脱落。

2.形态鉴别 成螨：雌成螨椭圆形，0.45毫米×0.28毫米，深红色；体背前端稍隆起，后部有横向的表皮纹；刚毛较长；足4对，淡黄色；冬型雌成螨鲜红色，夏型雌成螨深红色。雄成螨体长约0.43毫米，末端尖削，浅黄绿至浅绿色，体背两侧各有1个大黑斑。卵：圆球形，浅黄白至橙黄色。幼螨：3对足，体圆形，初黄白色渐变为浅绿色，体背两侧具深绿色斑纹。若螨：4对足，淡绿至浅橙黄色，体背出现刚毛、两侧有黑绿色斑纹，后期可区分雌雄。(图2–14–1，图2–14–2，图2–14–3)。

图2–14–1 山楂叶螨雌成螨

图2–14–2 山楂叶螨雄成螨

图2–14–3 山楂叶螨越冬卵

3.发生特点 年发生6～10代，以受精雌成螨在树皮缝隙内越冬。果树萌芽期，越冬雌成螨开始出蛰，爬到花芽上取食危害，果树落花后，成螨在叶片背面危害，这一代发生期比较整齐，以后各世代重叠。6月至7月份高温干旱季节适于叶螨发生，为全年危害高峰期。进入8月份，雨量增多，湿度增大，加上害螨天敌的影响，危害减轻。8月下旬后越冬型雌成螨陆续发生，10月害螨全部越冬。天敌有捕食螨等。

4.防治要点

(1) 农业防治：冬春季刮除树干上的老翘皮，消灭越冬雌成螨。

(2) 生物防治：果园内自然天敌种类很多，应尽量减少喷药次数，利用天敌控制害螨发生。

(3) 药剂防治：防治的关键期在果树萌芽期和第1代若螨发生期(果树落花后)。①发芽前，喷洒3～5波美度的石硫合剂或含油3～5%的柴油乳剂。②果树萌芽期，喷洒

50%硫磺悬浮剂200～400倍液或5%尼索朗乳油1 500倍液。③若螨发生期喷洒20%螨死净悬浮剂或15%哒螨灵乳油2 000倍液、1.8%阿维菌素乳油4 000倍液等。

十五、黄刺蛾

黄刺蛾属鳞翅目，刺蛾科。学名：*Cnidocampa flavescens* Walker，又名刺蛾、洋辣子、八角虫、八角罐、羊蜡罐、白刺毛等。分布于全国各产区。危害山楂、核桃、樱桃、柿、桃、杏、石榴、苹果等果树的芽和叶片。

1. 危害特点　低龄幼虫群集叶背面啃食叶肉，稍大把叶食成网状，随虫龄增大则分散取食，将叶片食成缺刻，仅留叶柄和叶脉，重者食光全树叶片。

2. 形态鉴别　成虫：体长13～16毫米，翅展30～34毫米；头和胸部黄色，腹背黄褐色；前翅内半部黄色，外半部为褐色，有两条暗褐色斜线，在翅尖上汇合于一点，呈倒"V"字形，内面一条伸到中室下角，为黄色与褐色的分界线。卵：椭圆形，白色堆产。幼虫：体长16～25毫米，头小，胸腹部肥大，呈长方形，似幼儿的娃娃鞋，黄绿色；体背有一两端粗中间细的哑铃形紫褐色大斑，和许多突起枝刺。蛹：椭圆形，长约12毫米，黄褐色。茧：灰白色，质地坚硬，茧壳上有数道褐色长短不一的纵纹，形似雀蛋（图2–15–1，图2–15–2，图2–15–3，图2–15–4，图2–15–5，图2–15–6）。

图2–15–1　黄刺蛾成虫

图2–15–2　黄刺蛾卵块

图2–15–3　黄刺蛾成龄幼虫

图2–15–4　黄刺蛾老龄幼虫

图 2-15-5　黄刺蛾蛹

图 2-15-6　黄刺蛾茧

3.发生特点　年发生2代，以老熟幼虫在树枝上结茧越冬。翌年5月上旬化蛹，5月中、下旬至6月上旬羽化，成虫趋光性强，产卵于叶背面，数十粒连成片；6月中、下旬幼虫孵化，初孵幼虫喜群集危害，数头幼虫白天头向内形成环状静伏于叶背。6月下旬至7月上、中旬幼虫老熟后，固贴在枝条上，作茧化蛹。7月下旬出现第2代幼虫，危害至9月初结茧越冬。天敌主要有上海青蜂和黑小蜂等。

4.防治要点

（1）农业防治：冬春季剪除冬茧集中烧毁，消灭越冬幼虫。

（2）生物防治：摘除冬茧时，识别青蜂（冬茧上端有一被寄生蜂产卵时留下的小孔）选出保存，来年放入果园天然繁殖寄生虫茧。或喷洒每克含1亿活孢子的杀螟杆菌或青虫菌6号悬浮剂防治。

（3）药剂防治：幼虫危害初期喷洒90%晶体敌百虫或50%敌敌畏乳油800～1 000倍液；40%辛硫磷乳油1 200倍液、50%杀螟硫磷乳油1 000倍液、20%氰戊菊酯乳油2 500倍液、25%灭幼脲悬浮剂2 000倍液、2.5%敌杀死乳油3 000～4 000倍液等。

十六、丽绿刺蛾

丽绿刺蛾属鳞翅目，刺蛾科。学名：*Latoia lepida* (Cramer)，又名绿刺蛾。分布于全国各产区。危害山楂、核桃、樱桃、柿、桃、杏、石榴、苹果、梨、柑橘等果树的芽和叶片。

1.危害特点　以幼虫蚕食叶片，低龄幼虫群集叶背食叶成网状，重者食净叶肉，仅剩叶柄。

2.形态鉴别　成虫：体长10～17毫米，翅展35～40毫米，触角雄蛾双栉齿状、雌蛾基部丝状；头顶、胸背绿色，腹部灰黄色；前翅绿色，肩角处有1块深褐色尖刀形基斑，外缘具深棕色宽带；后翅浅黄色，外缘带褐色。卵：扁平椭圆形，长径约1.5毫米，浅黄绿色。幼虫：体长25～27毫米，初龄时黄色，稍大转为粉绿色；从中胸至第8腹节各有4个瘤状突起，上生有黄色刺毛丛，第1腹节背面的毛瘤各有3～6根红色刺毛；腹部末端有4丛球状黑色刺毛；背中央具暗绿色带3条；两侧有浓蓝色点线。蛹：椭圆形，长约13毫米，黄褐色。茧：椭圆形，长约15毫米，暗褐色坚硬（图2–16–1，图2–16–2，图2–16–3，图2–16–4）。

图2–16–1　丽绿刺蛾成虫

图2–16–2　丽绿刺蛾成龄幼虫

图2–16–3　丽绿刺蛾蛹

图2–16–4　丽绿刺蛾茧

3. 发生特点　年发生2代，以老熟幼虫在树干上结茧越冬。翌年4月下旬至5月上旬化蛹，第1代成虫于5月末至6月上旬羽化，第1代幼虫于6月至7月发生；第2代成虫8月中、下旬羽化，第2代幼虫于8月下旬至9月发生，至10月上旬在树干上结茧越冬。成虫有强趋光性，卵产于叶背，数十粒成块。初孵幼虫常7～8头群集取食，稍大后分散危害。幼虫体上的刺毛丛含有毒腺，人体皮肤接触后，常因毒液进入皮下而肿胀奇痛，故有“洋辣子”之称。天敌有爪哇刺蛾寄蝇等。

4. 防治要点

（1）农业防治：冬春季清洁果园，消灭树枝上的越冬茧。

（2）捕杀初龄幼虫：及时摘除初孵幼虫群集危害的叶片消灭之，注意勿使虫体接触皮肤。

（3）药剂防治：幼虫初孵期喷药防治，参阅黄刺蛾防治方法。

十七、青刺蛾

青刺蛾属鳞翅目，刺蛾科。学名：*Latoia consocia* Walker，又名褐边绿刺蛾、褐缘绿刺蛾、四点刺蛾、曲纹绿刺蛾，幼虫俗称洋辣子。分布于全国各产区。危害山楂、核桃、柿、桃、杏、苹果、石榴、柑橘等果树的芽和叶片。

1.危害特点 低龄幼虫取食叶的下表皮和叶肉，留下上表皮，致叶片呈不规则黄色斑块，大龄幼虫食叶成孔洞和缺刻，重者食光全叶，仅留主脉。

2.形态鉴别 成虫：体长约16毫米，翅展38～40毫米；触角雄蛾栉齿状，雌蛾丝状；头、胸、背绿色，胸背中央有一棕色纵线，腹部灰黄色；前翅绿色，基部有暗褐色大斑，外缘为灰黄色宽带；后翅灰黄色。卵：扁椭圆形，长约1.5毫米，黄白色。幼虫：体长25～28毫米，初龄黄色，稍大黄绿至绿色，中胸至第8腹节各有4个瘤状突起，上生青色刺毛束，腹末有4个毛瘤，丛生蓝黑球状刺毛；背线绿色，两侧有深蓝色点。蛹：椭圆形，长约13毫米，黄褐色。茧：椭圆形，长约16毫米，暗褐色坚硬（图2–17–1，图2–17–2，图2–17–3，图2–17–4）。

3.发生特点 年发生1～3代，以前蛹于茧内在树干基部浅土层或枝

图2–17–1 青刺蛾成虫

图2–17–2 青刺蛾幼虫

图2–17–3 青刺蛾茧

图2–17–4 青刺蛾茧内蛹

干上越冬。1代区6月上中旬至7月中旬越冬成虫羽化，6月下旬至9月幼虫发生危害，8月危害最重，8月下旬后幼虫陆续结茧越冬。2代区5月中旬越冬代成虫羽化，第1代幼虫6月至7月发生，第1代成虫8月中下旬羽化；第2代幼虫8月下旬至10月中旬发生，10月上旬幼虫结茧越冬。成虫昼伏夜出，有趋光性。卵多产于叶背主脉附近，数十粒呈鱼鳞块状排列，卵期7天左右。幼龄群集，稍大后分散。天敌有紫姬蜂和寄生蝇等。

4.防治要点

(1) 生物防治：秋冬季摘虫茧，放入细纱笼内，保护和引放寄生蜂。低龄幼虫期每667平方米用每克含孢子100亿的白僵菌粉0.5～1千克，在雨湿条件下喷雾防治效果较好。

(2) 农业防治：幼虫群集危害期人工捕杀，注意手不要碰到幼虫毒毛。成虫发生期利用黑光灯诱杀成虫。

(3) 药剂防治：幼虫分散危害前及时喷洒90%晶体敌百虫或80%敌敌畏乳油、50%马拉硫磷乳油、50%杀螟硫磷乳油1 000～1 200倍液，或50%辛硫磷乳油1 500倍液、10%联苯菊酯乳油3 000倍液、2.5%鱼藤酮300～400倍液等。

十八、扁刺蛾

扁刺蛾属鳞翅目，刺蛾科。学名：*Thosea sinensis* Walker，又名黑点刺蛾、黑刺蛾。分布于全国各柿产区。危害山楂、柿、桃、杏、石榴、苹果、柑橘等果树的芽和叶片。

1.危害特点　初孵幼虫群集叶背啃食叶肉，使叶片仅留透明的上表皮。随虫龄增大，食叶成空洞和缺刻，重者食光叶片。

2.形态鉴别　成虫：体长13～18毫米，翅展28～35毫米；体暗灰褐色，腹面及足色较深；触角雌丝状，雄羽状；前翅灰褐稍带紫色，中室外侧有1条明显的暗斜纹，自前缘近顶角处向后缘斜伸；雄蛾中室上角有1个黑点；后翅暗灰褐色。卵：扁平椭圆形，长约1.1毫米，淡黄绿至灰褐色。幼虫：体长21～26毫米，宽约16毫米，体扁，椭圆形，背部稍隆起，形似龟背；全体绿色、黄绿色或淡黄色，背线白色；体边缘有10个瘤状突起，其上生有长刺毛，第4节背面两侧各有1个红点。蛹：长10～15毫米，近椭圆形，乳白至黄褐色。茧：椭圆形，长12～16毫米，紫褐色（图2-18-1，图2-18-2，图2-18-3，图2-18-4）。

3.发生特点　年发生1～3代，以老熟幼虫在树下3～6厘米土层内结茧以前蛹越冬。1代区6月上旬羽化、产卵，6月中旬至9月上中旬幼虫发生危害。2～3代区5月中旬至6月上旬羽化；第1代幼虫5月下旬

图 2–18–1　扁刺蛾成虫

图 2–18–2　扁刺蛾低龄幼虫

图 2–18–3　扁刺蛾成龄幼虫

图 2–18–4　扁刺蛾茧

至7月中旬发生；第2代幼虫7月下旬至9月中旬发生；第3代幼虫9月上旬至10月发生，均以老熟幼虫入土结茧越冬。卵多散产于叶面上，卵期7天左右。低龄幼虫啃食叶肉，留下一层表皮，大龄幼虫取食全叶，虫量多时，常从枝的下部叶片吃至上部，每枝仅存顶端几片嫩叶。

4. 防治要点

（1）农业防治：冬春季耕翻树盘，利用低温和鸟食消灭土中越冬的虫茧。

（2）生物防治：喷洒青虫菌6号悬浮剂1 000倍液，杀虫保叶。

（3）药剂防治：卵孵化盛期和低龄幼虫期喷洒50%杀虫环可溶性粉剂1 500～2 000倍液或80%杀虫单可溶性粉剂2 000倍液；50%辛硫磷乳油或45%马拉硫磷乳油1 000倍液、5%来福灵乳油2 000倍液等。

十九、枣刺蛾

枣刺蛾属鳞翅目，刺蛾科。学名：*Iragoides conjuncta* (Walker)。又名枣奕刺蛾。分布于华北、黄淮、华东等产区。危害枣、山楂、核桃、柿、梨、苹果、杏等果树的叶片。

1. 危害特点　低龄幼虫取食叶肉，仅留表皮，虫龄稍大即取食全叶。

2. 形态鉴别　成虫：雌成虫翅展29～33毫米，触角丝状；雄成虫翅展28～31.5毫米，触角短双栉齿状；全体褐色，胸背中间鳞毛红褐色；腹部背面各节有似"人"字形的褐红色鳞毛；前翅基部褐色，中部黄褐色，近外缘处有2块似菱形的斑纹彼此连接，靠前一块褐色，后边一块红褐色；后翅灰褐色。卵：椭圆形，长1.2～2.2毫米，鲜黄色。幼虫：体长20～25毫米，黄绿色，背面的蓝色斑，连接成近椭圆形斑纹；体背有6对红色长枝刺，其中胸部3对、体中部1对、腹末2对；体两侧各节上有红色短刺毛丛1对。蛹：椭圆形，长12～13毫米，初黄色渐变为褐色。茧：长13～14.5毫米，椭圆形，土灰褐色（图2-19-1，图2-19-2，图2-19-3）。

图2-19-1　枣刺蛾成虫

图2-19-2　枣刺蛾幼虫

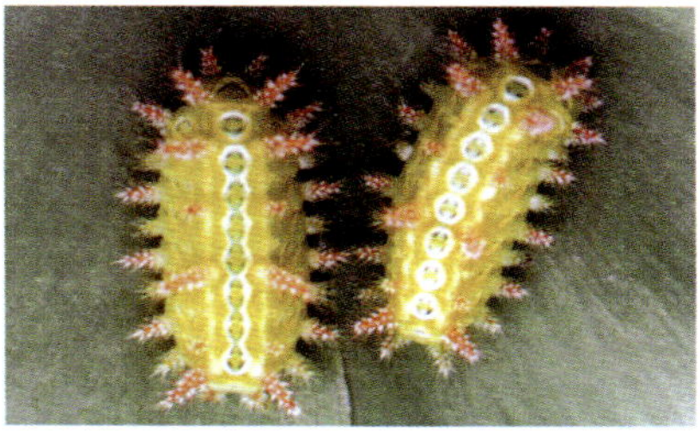

图2-19-3　枣刺蛾幼虫

3.发生特点　年发生1代，以老熟幼虫在树干根部土内7～9厘米深处结茧越冬。翌年6月下旬成虫羽化，7月上旬幼虫孵化，7月下旬至8月中旬危害较重，8月下旬幼虫逐渐老熟，下树入土结茧越冬。成虫昼伏夜出，有趋光性。卵产于叶背成片排列，幼虫孵化后即分散至叶背面危害。

4.防治要点

（1）农业防治：冬春季深翻园地，利用低温冻害和鸟食消灭土中越冬茧。产卵期摘除有卵叶片灭卵。

（2）药剂防治：幼虫危害初期喷洒90%晶体敌百虫或50%敌敌畏乳油800～1 000倍液；40%辛硫磷乳油1 200倍液、50%杀螟硫磷乳油1 000倍液、20%氰戊菊酯乳油2 500倍液、25%灭幼脲悬浮剂2 000倍液、2.5%敌杀死乳油3 000～4 000倍液等。

二十、杏星毛虫

杏星毛虫属鳞翅目，斑蛾科。学

名：*Illiberia nigra* leech，又名桃斑蛾，红褐星毛虫、梅黑透羽、杏叶斑蛾。长江以北产区均有分布。危害杏、山楂、桃、樱桃、李、梨、柿等果树的嫩芽和花。

1.危害特点 幼虫食芽、花、叶，早春蛀萌动的芽致枯死。寄主发芽后危害花、嫩芽和叶，食叶成缺刻和孔洞，重则吃光叶片。

2.形态鉴别 成虫：体长7～10毫米，翅展21～23毫米，体黑褐色具蓝色光泽；翅半透明，布黑色鳞毛；雄虫触角羽毛状，雌虫短锯齿状。卵：椭圆形，长约0.7毫米，初白色渐至黄褐色。幼虫：体长13～16毫米，近纺锤形，背暗赤褐色，腹面紫红色；头小黑褐色，大部分缩于前胸内，取食或活动时伸出；腹部各节具横列毛瘤6个，中间4个大，毛瘤中间生很多褐色短毛，周生黄白长毛。蛹：椭圆形，淡黄至黑褐色。茧：椭圆形，丝质稍薄淡黄色，外常附泥土、虫粪等（图2-20-1，图2-20-2，图2-20-3）。

3.发生特点 年发生1代，以初龄幼虫在树皮缝、枝杈及贴枝叶下结茧越冬。寄主萌动时开始出蛰活动，先蛀芽，后危害蕾、花及嫩叶。3龄后白天下树，潜伏到树干基部附近的土、石块及枯草落叶下、树皮缝中，19时后又上树取食叶片，拂晓又下树隐蔽。老熟幼虫于5月中旬开始在树干周围的各种植被下、皮缝中结茧化蛹，6月上旬成虫羽化交配产卵，多产在树冠中、下部老叶背面，块生，每块有卵70～80粒；卵期10～11天。第1代幼虫于6月中旬始见，啃食叶片表皮或叶肉，被害叶呈纱网状斑痕，幼虫受惊扰吐丝下垂，于7月上旬结茧越冬。天敌有金光小寄蝇、常却寄蝇、梨星毛虫黑卵蜂、潜蛾姬小蜂等。

图2-20-1 杏星毛虫幼虫

图2-20-2 杏星毛虫越冬幼虫

图2-20-3 杏星毛虫卷叶茧

4. 防治要点

（1）农业和生物防治：果树休眠期彻底刮除树体粗皮、翘皮、剪锯口周围死皮，消灭越冬幼虫。幼虫发生期在树干基部铺瓦片、碎砖等诱集幼虫，集中杀灭。利用天敌防治。

（2）药剂防治：①于落叶后，用80%敌敌畏乳油或50%马拉硫磷乳油200倍液封闭剪锯口和树皮裂缝，可消灭大部分越冬幼虫。②幼虫危害期地面喷药，利用该虫白天下树潜伏的习性，在树干周围喷洒48%乐斯本乳油500倍液或50%丙硫磷乳油800倍液。③树上喷药，卵孵化前后和低龄幼虫期喷洒50%马拉硫磷乳油或40%辛硫磷乳油1 000倍液；2%罗速发乳油1 000～2 000倍液、20%速灭杀丁乳油1 500～2 000倍液等。

二十一、黄褐天幕毛虫

黄褐天幕毛虫属鳞翅目，枯叶蛾科。学名：*Malacosoma neustria testacea* Motschulsky，又名梅毛虫、天幕枯叶蛾、天幕毛虫、带枯叶蛾。分布于全国各产区。危害山楂、樱桃、桃、杏、苹果、梨、梅等果树的芽和叶片。

1. 危害特点　刚孵化幼虫群集于一枝，吐丝结成网幕，食害嫩芽、叶片，随生长渐下移至粗枝上结网巢，白天群栖巢上，夜出取食，严重时将全树叶片食光。

2. 形态鉴别　成虫：雌体长18～22毫米，翅展37～43毫米，黄褐色；触角栉齿状；前翅中部有1条赤褐色宽横带，其两侧有淡黄色细线；雄体略小，触角双栉齿状，前翅中部有2条深褐色横线，两线间色稍深。卵：圆筒形，灰白色，200～300粒卵环结于小枝上黏结成一圈呈“顶针”状。幼虫：体长50～55毫米，头蓝色，有两个黑斑，体上有十多条黄、蓝、白、黑相间的条纹。蛹：椭圆形，体上有淡褐色短毛。茧：黄白色，表面附有灰黄粉（图2–21–1，图2–21–2，图2–21–3，图2–21–4）。

图2–21–1　黄褐天幕毛虫成虫

图2–21–2　黄褐天幕毛虫卵

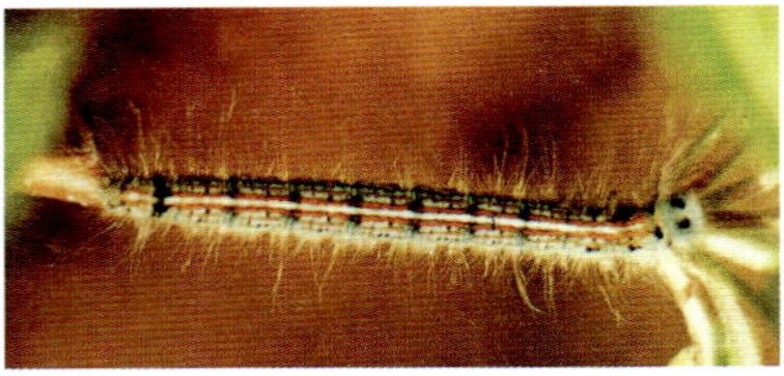

图 2-21-3　黄褐天幕毛虫幼虫

图 2-21-4　黄褐天幕毛虫茧

3. 发生特点　年发生 1 代，以幼虫在卵壳中越冬，翌年树芽膨大，日均温达 11℃时幼虫钻出，先在卵附近的芽及嫩叶上危害，后转到枝杈上吐丝结网成天幕，于夜间出来取食。4 龄后分散全树，暴食叶片。幼虫期 45 天左右，成虫有趋光性。成虫产卵于小枝上。天敌主要有赤眼蜂、姬蜂、绒茧蜂等。

4. 防治要点

（1）农业防治：冬春季彻底剪除枝梢上越冬卵块。幼虫发生期发现幼虫群集天幕时应及时消灭。

（2）生物防治：为保护卵寄生蜂，将卵块放天敌保护器中，使卵寄生蜂羽化飞回果园。

（3）药剂防治：幼虫初孵期施药是关键，可喷洒 80%敌敌畏乳油 1 500 倍液或 52.25%农地乐乳油 2 000倍液；50%杀螟硫磷乳油或50%马拉硫磷乳油1 000倍液；2.5%功夫乳油或2.5%敌杀死乳油3 000倍液，10%联苯菊酯乳油 4 000 倍液等。

二十二、金毛虫

金毛虫属鳞翅目，毒蛾科。学名：*E.similis xanthocampa* Dyar，又名黄尾毒蛾、桑斑褐毒蛾、纹白毒蛾、桑毒蛾、黄尾白毒蛾等。分布于全国多数产区。危害山楂、樱桃、枣、桃、杏、苹果、石榴等果树的芽、叶和果实。

1. 危害特点　初孵幼虫群集叶背面取食叶肉，仅留透明的上表皮，稍大后分散危害，将叶片食成大的缺刻，重者仅剩叶脉，并啃食嫩果皮和蛀食果实。

2. 形态鉴别　成虫：雌体长 14～18 毫米，翅展 36～40 毫米；雄体长 12～14 毫米，翅展 28～32 毫米；全体及足白色；触角双栉齿状；雌、雄蛾前翅近臀角处有褐色斑纹，雄蛾前翅在内缘近基角处还有一个褐色斑纹。卵：直径0.6～0.7毫米，灰白色。幼虫：体长 26～40 毫米，头黑褐色，体黄色，背线红色；体背面有一橙黄色带，带中央贯穿一红褐间断的线；前胸背面两侧各有一红色瘤，其余各节背瘤黑色，瘤上生黑色长毛束和白色短毛。蛹：长9～11.5毫米。茧：长13～18毫米，椭圆形，淡褐色（图2–22–1，图2–22–2，图2–22–3，图2–22–4）。

图2–22–1　金毛虫成虫

图2–22–2　金毛虫卵块

图2–22–3　金毛虫幼虫

图2–22–4　金毛虫茧

3.发生特点　年发生2～6代，以幼虫结灰白色薄茧在枯叶、树杈、树干缝隙及落叶中越冬。2代区翌年4月开始危害春芽及叶片。第1、2、3代幼虫危害高峰期主要在6月中旬、8月上中旬和9月上中旬，10月上旬前后开始结茧越冬。成虫昼伏夜出，产卵于叶背，形成长条形卵块，卵期4～7天。每代幼虫历期20～37天。幼虫有假死性。天敌主要有黑卵蜂、矮饰苔寄蝇、桑毛虫绒茧蜂等。

4.防治要点

（1）农业防治：冬春季刮刷老树皮，清除园内外枯叶杂草，消灭越冬幼虫。在低龄幼虫集中危害时，摘虫叶灭虫。

（2）掌握在2龄幼虫高峰期，喷洒多角体病毒，每毫升含15 000颗粒的悬浮液，每667平方米喷20升。

（3）药剂防治：幼虫分散危害前，及时喷洒2.5%敌杀死乳油或20%速灭杀丁乳油3 000倍液、10%联苯菊酯乳油4 000～5 000倍液、52.25%农地乐乳油2 000倍液、50%辛硫磷乳油1 000倍液、10%吡虫啉可湿性粉剂2 500倍液等。

二十三、苹毒蛾

苹毒蛾属鳞翅目，毒蛾科。学名：*Calliteara pudibunda* (Linn–aeus)，又名苹毒蛾、苹红尾蛾、纵纹毒蛾。分布于全国各产区。危害山楂、柿、桃、杏、草莓、石榴、李、枇杷等果树的芽和叶片。

1.危害特点 幼虫食量大，危害时间长，食叶成缺刻或孔洞。局部地区易大规模发生，危害较重。

2.形态鉴别 成虫：雄蛾翅展35～45毫米，雌蛾翅展45～60毫米；头、胸部灰褐色；触角栉齿状；腹部灰白色；雄蛾前翅灰白色，有黑色及褐色鳞片；后翅白色带黑褐色鳞片和毛。卵：扁圆形，浅褐色。幼虫：体长45～52毫米，体浅黄色至淡紫红色；体腹面浅黑色；体背各节生有黄色毛瘤，上面簇生浅黄色长毛；第1至4腹节背面各具1簇黄色刷状毛；第1、2腹节背面的节间有一深黑色大斑；第8腹节背面有1束向后斜伸的棕黄色至紫红色毛；幼虫具假死性。蛹：浅褐色（图2-23-1，图2-23-2，图2-23-3，图2-23-4，图2-23-5，图2-23-6）。

3.发生特点 年发生1～3代，以蛹越冬。翌年4月下旬羽化，1代

图2-23-2 茸毒蛾雄成虫

图2-23-3 茸毒蛾卵

图2-23-4 茸毒蛾幼虫

图2-23-1 茸毒蛾雌成虫

图2-23-5 茸毒蛾老龄幼虫

图 2-23-6　茸毒蛾茧

幼虫5至6月上旬发生，2代幼虫6月下旬至8月上旬发生，3代幼虫8月中旬至11月中旬发生，越冬代蛹期约6个月。黄淮产区2、3代发生重。卵块产在叶片和枝干上，每块卵20～300粒。幼虫历期20～50天，老熟幼虫将叶卷起结茧。天敌主要有毒蛾黑瘤姬蜂、蚂蚁、食虫蝽类等。

4.防治要点

（1）农业防治：冬春清除园内枯枝落叶，集中烧毁，消灭越冬虫源。

（2）药剂防治：卵孵化盛期至低龄幼虫期，叶面喷洒25%灭幼脲3号悬浮剂2 000倍液或90%晶体敌百虫1 000倍液、2.5%敌杀死乳油2 000倍液、20%杀虫菊酯乳油1 500～2 000倍液。

二十四、折带黄毒蛾

折带黄毒蛾属鳞翅目，毒蛾科。学名：*Artaxa flava* (Bremer)，又名黄毒蛾、柿黄毒蛾、杉皮毒蛾。除西藏、青海、新疆未见报道外，其他各产区均有分布。危害柿、山楂、石榴、苹果、枇杷等果树的芽和叶片。

1.危害特点　幼虫食芽、叶，将叶片食成缺刻或孔洞，严重的将叶片吃光，并啃食幼嫩枝条的皮。

2.形态鉴别　成虫：雌体长15～18毫米，翅展35～42毫米；雄略小；体黄色或浅橙黄色；触角栉齿状，雄较雌发达；前翅黄色，中部具棕褐色宽横带1条，从前缘外斜至中室后缘，折角内斜止于后缘，形成折带，故称折带黄毒蛾；带两侧为浅黄色线镶边，翅顶区具棕褐色圆点2个，位于近外缘顶角处及中部偏前；后翅无斑纹，基部色浅，外缘色深；缘毛浅黄色。卵：半圆形或扁圆形，直径0.5～0.6毫米，淡黄色，数十粒至数百粒成块，排列为2～4层，上覆有黄色茸毛。幼虫：体长30～40毫米，头黑褐色，上具细毛；体黄色或橙黄色，胸部和第5至10腹节背面两侧各具黑色纵带1条；臀板黑色，第8节至腹末背面为黑色；第1、2腹节背面具长椭圆形黑斑，毛瘤长在黑斑上；各体节上毛瘤暗黄色或暗黄褐色，其中第1、2、8腹节背面毛瘤大而黑色，毛瘤上有黄褐色或浅黑褐色长毛。胸足褐色，腹足淡黑色，蛹：长12～18毫米，黄褐色。茧：椭圆形，长25～30毫米，灰褐色（图2-24-1，

图 2–24–2，图 2–24–3）。

图 2–24–1　折带黄毒蛾成虫

图 2–24–2　折带黄毒蛾卵

图 2–24–3　折带黄毒蛾幼虫

3.发生特点　年发生2代，以3～4龄幼虫在树洞或树干基部树皮缝隙、杂草、落叶等杂物下结网群集越冬。翌年春上树危害芽叶。老熟幼虫5月底结茧化蛹，6月中下旬越冬代成虫羽化，交尾产卵，卵期14天左右。第1代幼虫7月初孵化，危害到8月底老熟化蛹。第1代成虫9月羽化，9月下旬出现第2代幼虫，危害到秋末寻找合适场所越冬。成虫昼伏夜出，卵多产在叶背。幼虫孵化后多群集叶背危害，并吐丝网群居枝上，老龄时多至树干基部、各种缝隙吐丝群集，多于早晨及黄昏取食。天敌有寄生蝇等20多种。

4.防治要点

（1）农业防治：冬春季清除园内及四周落叶杂草，刮树皮，树干涂石灰水，杀灭越冬幼虫。

（2）发生季节及时摘除卵块或分散危害前摘叶，捕杀群集幼虫。

（3）药剂防治：低龄幼虫期叶面喷洒80%敌敌畏乳油或48%乐斯本乳油、50%杀螟硫磷乳油、50%马拉硫磷乳油1 000～1 200倍液；2.5%敌杀死乳油或20%速灭杀丁乳油3 000～3 500倍液，10%天王星乳油4 000倍液或52.25%农地乐乳油1 500倍液。

二十五、肾毒蛾

肾毒蛾属鳞翅目，毒蛾科。学名：*Cifuna locuples* Walker，又名大豆毒蛾、肾纹毒蛾。分布于全国各产区。危害山楂、柿、苹果、樱桃等果树及大豆等农作物的叶片。

1.危害特点　幼虫啃食寄主的叶片，严重时将叶片食光，仅剩叶脉。

2.形态鉴别　成虫：雄蛾翅展34～40毫米，雌蛾翅展45～50毫米；触角栉齿状；头、胸和足深黄褐色，腹部褐色；后胸和第2、3腹节背面各有1黑色短毛束；前翅前半褐色，后半黄褐色，具褐黄色肾形斑，斑纹外线深褐色；后翅淡黄褐色；前、后翅反面黄褐色；横脉纹、外线、亚端线和缘毛黑褐色；雌蛾比雄蛾色暗。幼虫：体长40毫米左右，体黑褐色，上具褐色刚毛；前胸背面两侧各有1黑色大瘤，上生向前伸的长毛束，其余各体节瘤褐色较小，上生白褐色毛，除前胸及第1至4腹节上的瘤外其他瘤上生有白色羽状毛；第1至4腹节背面有暗黄褐色短毛刷，第8腹节背面有黑褐色毛束（图2-25-1，图2-25-2，图2-25-3，图2-25-4）。

图2-25-1　肾毒蛾成虫

图2-25-2　肾毒蛾幼虫背面

图2-25-3　肾毒蛾幼虫侧面

图2-25-4　肾毒蛾茧

3.发生特点　长江流域年发生3代，贵州2代，均以幼虫在中下部叶片背面越冬，翌年4月开始危害。贵州第1代成虫于5月中旬至6月下旬发生，第2代于8月上旬至9月中旬发生。卵期11天，幼虫期35天左右，蛹期10～13天。卵多产在叶背。初孵幼虫群集在叶背取食叶肉。成长幼虫分散危害，食叶片成缺刻或孔洞。严重时仅留主脉。老熟幼虫在叶背结丝茧化蛹。

4.防治要点

（1）农业防治：冬春季清除在叶片背面越冬的幼虫，减少虫源；幼虫危害期掌握在各代幼虫分散危害之前，及时摘除群集危害虫叶，集中消灭。

（2）药剂防治：卵孵化前后和幼虫分散危害前叶面喷洒100亿活芽胞苏云金杆菌悬浮剂500～1 000倍液或90%晶体敌百虫800倍液、80%敌敌畏乳油1 000倍液、2%阿维菌素4 000～6 000倍液、20%菊·杀乳油1 000～1 500倍液等。

二十六、桑剑纹夜蛾

桑剑纹夜蛾属鳞翅目，夜蛾科。学名：*Acronicta major* Bremer，又名大剑纹夜蛾、桑夜蛾、香椿灰斑夜蛾。分布于全国各产区。危害山楂、杏、香椿、桃、李、柑橘等果树的叶片。

1.危害特点 幼虫食叶成缺刻或孔洞，重者食光全树叶片。

2.形态鉴别 成虫：体长27～29毫米，翅展62～69毫米；体深灰色，腹面灰白色；头部灰白色，触角丝状；前翅灰白色至灰褐色，剑纹黑色，翅基剑纹树枝状，端剑纹2条，肾纹外侧一条较粗短，近后缘一条较细长；环纹灰白色较小，肾纹灰褐色较大，均具黑边；后翅灰褐色。卵：扁馒头形，淡黄至黄褐色。幼虫：体长48～52毫米，体黑色，密被黄色长、短毛及粗针状黑色短刺毛，黑色短刺毛簇生于体背毛瘤上，其两侧及体侧为黄色，体侧毛瘤凸起较明显。蛹：长椭圆形，长24～28毫米，褐至黑褐色。茧：长椭圆形，灰白至土色（图2–26–1）。

图2–26–1　桑剑纹夜蛾幼虫

3.发生特点 年发生1代，以茧蛹于树下土中和石块缝隙中越冬。翌年7月上旬羽化，7月中下旬始产卵，卵期7天。7月下旬至8月上中旬幼虫孵化，幼虫期30～38天，老熟幼虫于9月上旬下树结茧化蛹。成虫昼伏夜出，具趋光性和趋化性。卵多产在枝条近端部嫩叶叶面上，数十至数百粒一块。初孵幼虫群集叶上啃食表皮、叶肉，致叶片成缺刻或孔洞，仅留叶脉，随虫龄增大可把叶片食光，残留叶柄，有转枝、转株危害习性。天敌主要有桑夜蛾盾脸姬蜂。

4.防治要点

（1）农业防治：冬春季翻树盘利用低温、鸟食，消灭越冬茧蛹。

（2）成虫发生期，设置黑光灯诱杀成虫；常检查及时捕杀群集幼虫。

（3）药剂防治：卵孵化盛期后施

药最关键，可喷洒48%乐斯本乳油或50%杀螟硫磷乳油、50%马拉硫磷乳油1 000倍液，或2.5%敌杀死乳油、20%速灭杀丁乳油3 000～3 500倍液，10%天王星乳油4 000倍液或52.25%农地乐乳油1 500倍液等。

二十七、梨剑纹夜蛾

梨剑纹夜蛾属鳞翅目，夜蛾科。学名：*Acronycta rumicis* Linne，又名梨叶夜蛾。分布于全国各产区。危害梨、山楂、桃、杏、李、苹果、梅等果树的叶片。

1. 危害特点 幼虫将叶片食成孔洞、缺刻，重者将叶脉食掉，仅留叶柄。

2. 形态鉴别 成虫：体长14～17毫米，翅展32～46毫米；头、胸部棕灰色，腹部背面浅灰色带棕褐色；前翅暗棕色有白色斑纹，上有4条横线，基部2条色较深，外缘有1列黑斑，翅脉中室内有1个圆形斑，边缘色深；后翅棕黄色至暗褐色；触角丝状。卵：半球形，赤褐色。幼虫：体长约33毫米，头黑色，体褐色至暗褐色，具大理石样花纹，背面有1列黑斑，中央有橘红色点；各节毛瘤较大，簇生褐色长毛。蛹：体长约16毫米，黑褐色（图2–27–1，图2–27–2）。

图2–27–1 梨剑纹夜蛾幼虫

图2–27–2 梨剑纹夜蛾成虫

3. 发生特点 年发生2代，以蛹在土中越冬。5月下旬至6月上旬越冬代成虫羽化。6月至7月幼虫发生危害，6月中旬即有幼虫老熟在叶片上吐丝结黄色薄茧化蛹；第1代成虫在6月下旬发生。8月上旬出现第2代成虫，第2代幼虫危害到9月中下旬，陆续老熟后入土结茧化蛹。成虫昼伏夜出，有趋光性和趋化性；产卵于叶背或芽上，卵呈块状排列，卵期7～10天；幼龄幼虫群集嫩叶取食，后分散危害。

4. 防治要点

（1）农业防治：冬春翻树盘，消灭越冬蛹。成虫发生期用糖醋液或黑光灯、高压汞灯诱杀成虫。

（2）药剂防治：防治适期是各代幼虫发生初期，可喷洒50%杀螟硫磷乳油或50%辛硫磷乳油1 000～1 500倍液、20%氰戊菊酯乳油2 000

倍液、10%天王星乳油4 000～5 000倍液、80%敌敌畏乳油1 000倍液。

二十八、果剑纹夜蛾

果剑纹夜蛾属鳞翅目，夜蛾科。学名：*Acronicta strigosa* (Schiffermuller)，又名樱桃剑纹夜蛾。分布于全国各产区。危害樱桃、山楂、杏、苹果、梨、桃、李等果树的叶片和幼果。

1.危害特点 初龄幼虫食叶片的表皮和叶肉，仅留下表皮，似纱网状；3龄后把叶食成长圆形孔洞或缺刻，也啃食幼果果皮。

2.形态鉴别 成虫：体长11～22毫米，翅展37～41毫米；头部和胸部暗灰色，腹部背面灰褐色；前翅灰黑色，黑色基剑纹、中剑纹、端剑纹明显；后翅淡褐色；足黄灰黑色。卵：白色透明似馒头形，直径0.8～1.2毫米。幼虫：体长25～30毫米，绿色或红褐色，头部褐色具深斑纹；背线红褐色，亚背线赤褐色，气门上线黄色，中胸、腹部第2、3、9节背部各具黑色毛瘤1对，腹部第1、4至8节各具黑色毛瘤2对，生有黑长毛。蛹：长11.2～15.5毫米，纺锤形，深红褐色。茧：长16～19毫米，纺锤形，丝质薄茧外多黏附碎叶或土粒（图2–28–1，图2–28–2）。

3.发生特点 年发生2～3代，

图2–28–1 果剑纹夜蛾成虫

图2–28–2 果剑纹夜蛾幼虫

以茧蛹在地上草丛、土中或树皮裂缝中越冬。越冬成虫于4月下旬至5月中旬羽化；第1代成虫于6月下旬至7月下旬羽化；第2代于8月上旬至9月上旬羽化。成虫昼伏夜出，具趋光性和趋化性；羽化后短时间即交配产卵，卵期4～8天。幼虫期第1代19～35天，第2代22～31天，第3代23～43天。天敌有夜蛾绒茧蜂等。

4.防治要点

（1）诱杀成虫：成虫发生期利用糖醋液或黑光灯、高压汞灯诱杀成虫。

（2）农业防治：秋末深翻树盘消灭越冬虫蛹。

（3）药剂防治：各代卵孵化盛期喷洒50%杀螟硫磷乳油或52.25%

农地乐乳油1500倍液、20%甲氰菊酯乳油2 000倍液；2.5%敌杀死乳油或20%速灭杀丁乳油3 000～3 500倍液；10%天王星乳油4 000～5 000倍液等。

二十九、棉褐带卷蛾

棉褐带卷蛾属鳞翅目，卷蛾科。学名：*Adoxophyes orana*（Fischer von Rosleratamm），又名苹果小卷蛾、苹卷蛾、棉卷蛾。全国除西藏未见报道外，其他各产区均有分布。危害苹果、山楂、桃、杏、李、樱桃、梨等果树的叶片和果实。

1.危害特点　幼虫吐丝将2～3片叶连缀一起，并在其中危害，将叶片食成缺刻或网状；被害果表面呈现形状不规则的小坑洼，尤其果、叶相贴时，受害较多。

2.形态鉴别　成虫：体长6～8毫米，翅展13～23毫米，淡棕色或黄褐色；触角丝状；前翅自前缘向后缘有2条深褐色斜纹；后翅淡灰色；雄虫较雌虫体小，体色较淡，前翅基部有前缘褶。卵：椭圆形，淡黄色。幼虫：体长13～15毫米，头和前胸背板淡黄色，老龄幼虫翠绿色。蛹：长9～11毫米，黄褐色（图2-29-1，图2-29-2，图2-29-3，图2-29-4）。

图2-29-1　棉褐带卷蛾成虫

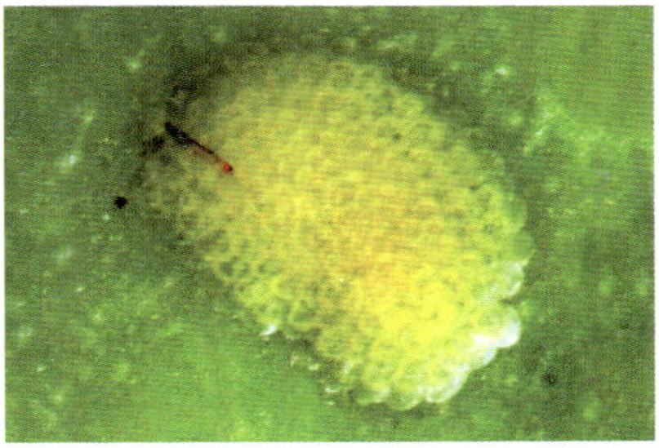

图2-29-2　棉褐带卷蛾卵

图2-29-3　棉褐带卷蛾幼虫

图2-29-4　棉褐带卷蛾蛹

3.发生特点　年发生3～4代，以2龄幼虫结白色薄茧在剪锯口、树皮裂缝、翘皮下越冬。翌年果树发芽后出蛰，取食嫩芽、幼叶，稍大后吐丝缀叶，潜伏其中危害，幼虫极活泼，遇惊扰急剧扭动身体吐丝下垂。成虫发生盛期在6月中旬，昼伏夜出，有较强的趋化性和微弱的趋光性，对糖醋液或果醋趋性甚烈。卵产于叶面或果面较光滑处，数十粒排列成鱼磷状卵块，卵期7天左右。第1代幼虫发生期在7月中下旬，第2代幼虫发生期在8月下旬至9月上旬，第3代幼虫于9月上旬至10月上旬危害一段时间后越冬。天敌有赤眼蜂等。

4.防治要点

（1）农业防治：冬春季刮除树干上剪、锯口等处的翘皮，消灭越冬幼虫。生长季节，发现卷叶后及时捏死其中的幼虫。

（2）生物防治：在产卵盛期释放赤眼蜂于果园，消灭虫卵。

(3) 药剂防治：①冬春季用80%敌敌畏乳油200倍液涂抹剪、锯口，消灭越冬幼虫。②在越冬幼虫出蛰期和各代幼虫发生初期，喷洒50%辛硫磷乳油1 500倍液或50%杀螟硫磷乳油1 000倍液；48%乐斯本乳油或52.25%农地乐乳油2 000倍液、2.5%溴氰菊酯乳油3 000倍液等。

三十、茶长卷叶蛾

茶长卷叶蛾属鳞翅目，卷蛾科。学名：*Homona magnanima* Diakonoff，又名茶卷叶蛾、后黄卷叶蛾、褐带长卷蛾、茶淡黄卷叶蛾、柑橘长卷蛾。分布于华东、华南、西南各产区。危害山楂、枣、石榴、柿、苹果、柑橘等果树的芽和叶片。

1.危害特点 初孵幼虫缀结叶尖，潜居其中取食上表皮和叶肉，残留下表皮，致卷叶呈枯黄薄膜斑，大龄幼虫食叶成缺刻或孔洞。

2.形态鉴别 成虫：雌体长约10毫米，翅展23～30毫米，体及前翅浅棕色；触角丝状；前翅近长方形，翅尖深褐色，翅面散生许多深褐色细纹；后翅肉黄色，扇形，前缘、外缘茶褐色。雄体长约8毫米，翅展19～23毫米，前翅黄褐色，基部中央、翅尖浓褐色，前缘中央具一黑褐色圆形斑，前缘基部具一浓褐色近椭圆形突出；后翅浅灰褐色。卵：扁平椭圆形，长约0.8毫米，浅黄色。幼虫：体长18～26毫米，体黄绿色，头黄褐色，前胸背板近半圆形，褐色，两侧下方各具2个黑褐色椭圆形小角质点，胸足色暗。蛹：长11～13毫米，深褐色（图2-30-1，图2-30-2，图2-30-3）。

3.发生特点 浙江、安徽年发生4代，以幼虫蛰伏在卷苞里越冬。翌年4月下旬成虫羽化产卵。第1代卵期4月下旬至5月上旬，幼虫期在5月中旬至5月下旬，成虫期在6月

图 2–30–1　茶长卷叶蛾成虫

图 2–30–2　茶长卷叶蛾幼虫

图 2–30–3　茶长卷叶蛾蛹

份。2代卵期在6月，幼虫期6月下旬至7月上旬，成虫期在7月中旬。7月中旬至9月上旬发生第3代。9月上旬至翌年4月发生第4代。成虫昼伏夜出，有趋光性、趋化性，卵多产于老叶正面。初孵幼虫在幼嫩芽叶内吐丝缀结叶尖潜居其中取食，老熟后多离开原虫苞重新缀结2片老叶，在其中化蛹。天敌有松毛虫赤眼蜂、小蜂、茧蜂、寄生蝇等。

4.防治要点

（1）农业防治：冬春季剪除虫枝，清除枯枝落叶和杂草，减少虫源。发生期及时摘除卵块和虫果及卷叶团，集中消灭。

（2）生物防治：在第1、2代成虫产卵期释放松毛虫赤眼蜂，每代放蜂3～4次，5～7天1次，每667平方米每次放蜂量为2.5万头。

（3）药剂防治：每代卵孵化盛期喷洒青虫菌，每克含100亿孢子1 000倍液，可混入0.3%茶枯或0.2%中性洗衣粉提高防治效果；或喷洒白僵菌300倍液；90%晶体敌百虫或50%杀螟硫磷乳油1 000倍液；2.5%功夫乳油2 000～3 000倍液、10%氯菊酯乳油1 500倍液等。

三十一、茶翅蝽

茶翅蝽属半翅目，蝽科。学名：*Halyomorpha halys* (Stal)，又名臭木蝽象、臭木蝽、茶色蝽。除新疆、青海未见报道外，其他各产区均有分布。危害山楂、樱桃、柿、枣、梨、石榴、苹果、柑橘等果树的叶、芽和果实。

1.危害特点　成、若虫刺吸叶、嫩梢及果实汁液，致植株生长变弱，果实表面出现黑色斑点。

2.形态鉴别　成虫：体长12～16毫米，宽6.5～9.0毫米，扁椭圆形，淡黄褐至茶褐色，略带紫红色，前胸背板、小盾片和前翅革质部有黑褐色刻点，前胸背板前缘横列4个黄褐色小点，小盾片基部横列5个小黄点；腹部侧接缘为黑黄相间。卵：圆筒形，直径约0.7毫米，初灰白渐至黑褐色。若虫：初孵体长1.5毫米左右，近圆形；腹部淡橙黄色，各腹节两侧节间各有1个长方形黑斑，共8对；腹部第3、5、7节背面中部各有1个较大的长方形黑斑；老熟若虫与成虫相似，无翅（图2–31–1，图2–31–2，图2–31–3）。

图2–31–1 茶翅蝽成虫

图2–31–2 茶翅蝽初孵若虫

图2–31–3 茶翅蝽大龄若虫

3. 发生特点 年发生1代，以成虫在空房、屋角、檐下、树洞、土缝、石缝及草堆等处越冬。5月上旬陆续出蛰活动，6月上旬至8月产卵，多块产于叶背，每块20～30粒。卵期10～15天，6月中、下旬为卵孵化盛期，7月上旬出现若虫，8月中旬至9月下旬为成虫盛期。成虫和若虫受到惊扰或触动时，即分泌臭液逃逸。天敌有蝽象黑卵蜂、稻蝽小黑卵蜂等。

4. 防治要点

（1）保护利用天敌：①5月至7月份为该虫寄生蜂成虫羽化和产卵期，果园应避免使用触杀性杀虫剂。②果园外围栽榆树作为防护林，可保护蝽象黑卵蜂到林带内蝽象卵上繁殖。

（2）农业防治：冬春季捕杀越冬成虫，发生期随时摘除卵块及时捕杀初孵群集若虫。

（3）药剂防治：于成虫产卵期和低龄若虫期喷洒48%乐斯本乳油2 000倍液或20%氰戊菊酯乳油3 000倍液、50%丙硫磷乳油1 000倍液、5%氟虫脲乳油1 000～1 500倍液等。

三十二、绿盲蝽

绿盲蝽属半翅目，盲蝽科。学名：*Lygocoris lucorum* (Meyer-Dur.)，又名花叶虫、小臭虫、棉青盲蝽、青色盲蝽、破叶疯、天狗蝇等。分布于全国各产区。危害棉花、山楂、枣、桃、杏、葡萄、石榴、柑橘等果树的芽、叶和花。

1. 危害特点 成、若虫刺吸叶片、嫩芽汁液，造成大量破孔、皱缩不平的"破叶疯"，叶缘残缺破烂，叶片卷缩畸形早落，重者腋芽、生长点受害，造成腋芽丛生。

2. 形态鉴别 成虫：体长约5毫米，宽约2.2毫米，绿色，密被短毛；头部三角形；触角4节丝状，约为体长2/3；前胸背板黄绿色，布许多小黑点；小盾片三角形微突，黄绿色；前翅膜片半透明暗灰色。卵：长1毫米，黄绿色，卵盖奶黄色。若虫：与成虫相似，初孵时绿色；2龄黄褐色；3龄出现翅芽；4龄翅芽超过第1腹节；5龄后全体鲜绿色，密被黑色细毛，触角淡黄色（图2–32–1，图2–32–2）。

图 2–32–1 绿盲蝽成虫

图 2–32–2 绿盲蝽若虫

3. 发生特点 年发生3～7代，以卵在树皮裂缝、树洞、枝杈处及近树干土中越冬。翌春3～4月，卵孵化为若虫开始危害花和嫩芽、叶。成虫寿命长，喜食花蜜，产卵期30～40天。非越冬代卵多散产在果树的嫩叶、茎、叶柄、叶脉、嫩蕾等组织内，卵期7～9天。成虫和若虫晚上和有露水的早上及阴天活动危害，爬行迅速，受惊扰立即逃匿。以春、秋两季危害较重。天敌主要有寄生蜂、草蛉、捕食性蜘蛛等。

4. 防治要点

（1）农业防治：冬春清理园中枯枝落叶和杂草，刮刷树皮、树洞，消灭越冬卵。保护利用天敌。

（2）药剂防治：于3月下旬至4月上旬越冬卵孵化期，4月中下旬若虫盛发期及5月上中旬3个关键期喷洒20%氰戊菊酯乳油2 500倍液或48%乐斯本乳油1 500倍液、52.25%

农地乐乳油2 000倍液、25%甲奈威可湿性粉剂600～800倍液、10%氯菊酯乳油2 000～2 500倍液等。

三十三、斑须蝽

斑须蝽属半翅目，蝽科。学名：*Dolycoris baccarum* (Linnaeus)，又名细毛蝽、黄褐蝽、斑角蝽、节须蚁。分布全国各产区。危害山楂、枸杞、石榴、苹果、梨、桃、柑橘、草莓等果树的芽、叶和果实。

1.危害特点 成、若虫刺吸果实、嫩叶、嫩茎汁液，造成落蕾、落花，茎叶被害后出现黄褐色小点及黄斑，严重时叶片卷曲，嫩茎凋萎，影响生长发育。

2.形态鉴别 成虫：体长8～13.5毫米，宽5.5～6.5毫米，椭圆形，黄褐或紫色，密被白色绒毛和黑色小刻点；触角5节，黄黑相间；前胸背板浅黄色，后部暗红色；小盾片三角形，黄白色；前翅革片淡红褐或暗红色，膜片黄褐透明，超过腹部末端。卵：桶形，长1～1.1毫米，横径0.75～0.8毫米；初浅黄渐变赭灰黄色。若虫：共5龄，一龄卵圆形，腹部背面中央和侧缘具黑色斑块；四龄腹部淡黄褐色至暗灰褐色，小盾片显露；五龄体椭圆形，黄褐至暗灰色，小盾片三角形（图2–33–1，图2–33–2）。

图2–33–1 斑须蝽成虫

图2–33–2 斑须蝽若虫

3.发生特点 吉林年发生1代，辽宁、内蒙、宁夏2代，江西3～4代。以成虫在杂草、枯枝落叶、植物根际、土石缝、树皮裂缝及屋檐下越冬。2代区，4月初寄主植物发芽时开始活动，6月上中旬第1代成虫羽化产卵；6月中下旬至8月中旬为第2代若虫、成虫发生期，10月上中旬成虫陆续越冬。3～4代区，越冬成虫3月中旬开始活动，5月下旬至6月下旬为第1代若虫、成虫发生期；6月中旬至8月中旬为第2代若虫、成虫发生期；7月中下旬至8月下旬为第3代若虫、成虫发生期；9月上旬至12月上旬为第4代若虫、成虫发生期，12月下旬陆续越冬。雌虫产卵于叶背面，20～30粒排成1列。

4.防治要点

（1）农业防治：冬春季彻底清除园内杂草和枯枝落叶并集中烧毁；入大冻前园地浇封冻水，并耕翻园地，以消灭越冬成虫。

（2）药剂防治：于各代若虫危害期喷洒5%氟虫脲乳油1 000～1 500倍液、25%灭幼脲可湿性粉剂1 500～2 000倍液；50%马拉硫磷乳油或52.25%农地乐乳油1 500倍液；2.5%敌杀死乳油或2.5%功夫乳油、20%灭扫乳油3 000倍液；50%敌敌畏乳油或90%晶体敌百虫800～1 000倍液等。

三十四、点蜂缘蝽

点蜂缘蝽属半翅目，缘蝽科。学名：*Riptortus Pedestris* (Fabricius)，又名棒蜂缘蝽、细蜂缘蝽。分布于全国各产区。危害山楂、杏、苹果、葡萄、柑橘等果树的叶和果实。

1.危害特点　成、若虫刺吸嫩茎、嫩叶和果实汁液。叶片和嫩茎被害后，出现黄褐色斑点，叶脉、叶肉变成暗黑色，重者导致叶片提早脱落、嫩茎枯死；果实被害，果面呈现黑色麻点。

2.形态鉴别　成虫：体长15～17毫米，宽3.5～4.5毫米；体形狭长，黄褐至黑褐色，被白色细绒毛；头在复眼前部成三角形，后部细缩如颈；触角4节；前胸背板及胸侧板具许多不规则的黑色颗粒；小盾片三角形，前翅膜片淡棕褐色，稍长于腹末；足与体同色，后足腿节粗大，有黄斑。卵：半卵圆形，1.3毫米×1毫米。若虫：共5龄，1～4龄体似蚂蚁，5龄与成虫相似仅翅较短（图2–34–1，图2–34–2）。

图2–34–1　点蜂缘蝽成虫

图2–34–2　点蜂缘蝽若虫

3.发生特点　年发生2～3代，以成虫在枯枝落叶和草中越冬。翌年3月开始出蛰活动，4月下旬产卵。第1代若虫于5月上旬至6月中旬孵化，6月中旬至8月中旬羽化为成虫并产卵；第2代若虫于6月下旬至8月下旬孵化，7月中旬至10月下旬羽化为成虫并产卵；第3代发生期为8月中旬至11月中旬，以成虫越冬。卵散产于叶背、嫩梢上，若虫孵化后先群集，后分散危害。成虫和若虫极活跃，早、晚温度低时稍迟钝。

4.防治要点

（1）农业防治：冬春清除果园及园周围枯枝落叶杂草，消灭越冬成虫。

（2）药剂防治：若虫孵化盛期，喷洒90%晶体敌百虫1 000倍液或2.5%天王星乳油3 000倍液、5%来福灵乳油2 000倍液、20%氰戊菊酯乳油1 500～2 000倍液、40%辛硫磷乳油1 200倍液等。

三十五、梨网蝽

梨网蝽属半翅目，网蝽科。学名：*Stephanitis nashi* Esaki Takeya，又名梨花网蝽、梨军配虫。分布于全国各产区。危害梨、山楂、樱桃、柿、李、杏、苹果、核桃等果树的叶片。

1.危害特点 以成、若虫在寄主叶片背面刺吸危害，被害叶正面形成苍白斑点，叶片背面因虫所排出的粪便呈黑灰色斑点似雀斑。受害严重时使叶片提早枯黄脱落，影响树势和产量，并诱发煤污病发生。

2.形态鉴别 成虫：体长约3.5毫米，扁平，暗褐色；触角丝状；前胸背板中央纵向隆起，向后延伸如扁板状，盖住小盾片，两侧向外突出呈翼片状；前翅略呈长方形，具黑褐色斑纹，静止时两翅叠起黑褐色斑纹呈“X”状；前胸背板与前胸均半透明，具褐色细网纹。卵：长椭圆形，长约0.6毫米，初产淡绿渐变淡黄色。若虫：共5龄。初孵若虫乳白色，近透明，渐变成深褐色；3龄后有明显的翅芽；老熟若虫头、胸、腹部两侧均有黄褐色刺状突起（图2-35-1，图2-35-2，图2-35-3，图2-35-4）。

图2-35-1 梨网蝽成虫

图2-35-2 梨网蝽若虫

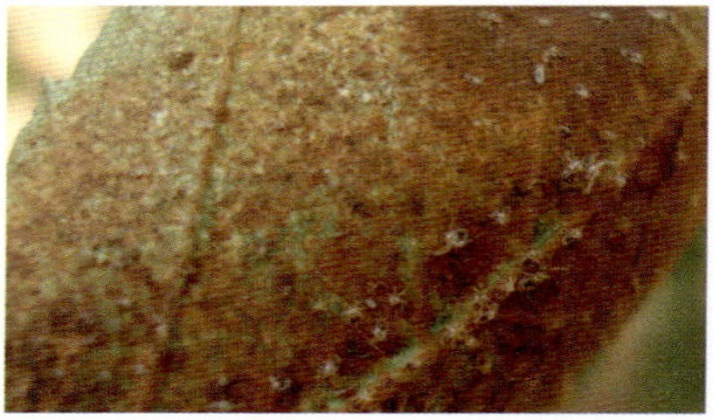

图2-35-3 梨网蝽害叶背面

图 2-35-4 梨网蝽害叶正面

3.发生特点 北方年发生3～4代，长江流域年发生4～5代。均以成虫在枯枝落叶、树皮裂缝、杂草及土、石缝中越冬。翌年4月上旬开始取食危害。产卵于叶片背面靠主脉两侧的叶肉内。卵期约15天，第1代若虫于4月下旬孵化，有群集性，若虫期约15天。成、若虫喜群集叶背主脉附近，被害叶面呈现黄白色斑点，叶背和下边叶面上常落有黑褐色带黏性的分泌物和粪便。5月中旬后各虫态同时出现，世代重叠。1年中以7～8月危害最重。高温干旱利于此虫发生。10月中、下旬以后，成虫寻找适当处所越冬。

4.防治要点

(1) 农业防治：冬季清除果园内枯枝、落叶、杂草，集中烧毁或深埋，以消灭越冬成虫。

(2) 药剂防治：重点抓好第1代若虫孵化盛期、即4月下旬的防治，叶面喷洒40%毒死蜱乳油或40%辛硫磷乳油1 000倍液；20%杀灭菊酯乳油2 500倍液、2.5%功夫乳油3 000倍液、20%抑食肼可湿性粉剂1 500～2 000倍液、2%阿维菌素乳油4 000～6 000倍液等。

三十六、核桃尺蠖

核桃尺蠖属鳞翅目，尺蛾科。学名：*Culcula panterinaria* Bremer et Gtey，又名木橑尺蠖、木橑尺蛾、洋槐尺蠖、木橑步曲、吊死鬼、小大头虫、棍虫。除西藏、青海等产区未见报道外其他各产区均有分布。危害核桃、山楂、木橑、苹果、柿等果树的叶片。

1.危害特点 幼虫食叶成缺刻或孔洞，重者把整枝叶片吃光。长江以北产区常局部重度发生，造成很大危害。

2.形态鉴别 成虫：体长17～31毫米，翅展54～78毫米，翅体白色，头棕黄色；触角雌丝状，雄短羽状；胸背有棕黄色鳞毛，中央有一浅灰色斑纹，前后翅均有不规则的灰色和橙色斑点，中室端部呈灰色不规则块状，在前后翅外缘线上各有1串橙色和深褐色圆斑；前翅基部有1个橙色大圆斑；雌腹部肥大，末端具棕黄色毛丛；雄腹瘦，末端鳞毛稀少。卵：椭圆形，初绿色渐变至黑色。幼虫：体长70毫米左右，体色似树皮，体上布满灰白色颗粒小点；头部密布白色、琥珀色、褐色泡沫状突起，头顶两侧呈马鞍状突起；前胸盾前缘两侧各有1突起，气门两侧各生1个白点；胴部第2至第10节前缘亚背线处各有一灰白色圆斑。蛹：长30～32毫米，黑褐色（图2-36-1，图2-36-2）。

图2-36-1 核桃尺蠖成虫

图2-36-2 核桃尺蠖幼虫

3.发生特点 华北年发生1代，浙江年发生2～3代，以蛹在树冠下土缝或园地土块、砖石下等各种隐蔽场所越冬。华北5～8月成虫于夜晚羽化，成虫昼伏夜出，趋光性较强。每雌可产卵1 000～3 000粒，卵产于树皮缝或石块上，数十粒成块上覆棕黄色鳞毛。卵期9～11天。5月下旬至10月为幼虫发生期，8月危害严重。初孵幼虫有群集性，较活泼，可吐丝下垂借风力传播，2龄后分散危害。幼虫期40天左右，老熟后入土，多在3厘米深处群集化蛹越冬。

4.防治要点

（1）农业防治：冬春季彻底清园，并翻耕园地，利用低温和鸟食消灭土中越冬蛹。幼虫发生期摇树震落捕杀幼虫。园内放养鸡、鸭啄食幼虫。

（2）利用黑光灯诱杀成虫或清晨人工捕捉。

（3）药剂防治：于各代幼虫孵化盛期，特别是第1代幼虫孵化期，喷洒50%速灭杀丁乳油2 000～3 000倍液或20%杀灭菊酯乳油3 000倍液、50%杀螟硫磷乳油1 000倍液、90%晶体敌百虫800～1 000倍液、50%辛硫磷乳油1 200倍液等。依据物候期施药第1次掌握在发芽初期，第2次在芽伸长35厘米时为宜。

三十七、栗黄枯叶蛾

栗黄枯叶蛾属鳞翅目，枯叶蛾科。学名：*Trabala vishnou* Lefebure，又名栎黄枯叶蛾、绿黄枯叶蛾、蓖麻枯叶蛾。除东北、西北少数地区外全国其他产区均有分布。危害栗、山楂、石榴、核桃、苹果、柑橘等果树的芽和叶片。

1.危害特点 幼虫食叶成孔洞和缺刻，严重时将叶片吃光，残留叶柄。

2. 形态鉴别　成虫：雌体长25～38毫米，翅展60～95毫米，淡黄绿至橙黄色，头黄褐色杂生褐色短毛，触角双栉齿状，胸背黄色；翅黄绿色，外缘波状，缘毛黑褐色，前翅近三角形，具3条暗褐色波状横线，后缘中后部具1个黄褐色大斑；后翅具2条黄褐色波状线；腹末有暗褐色毛丛。雄较小，体黄绿至绿色；翅绿色，外缘线与缘毛黄白色，前翅中部有1个黑褐色点；腹末有黄白色毛丛。卵：椭圆形，长约0.3毫米，灰白色。幼虫：体长65～84毫米，雌虫体毛深黄色，雄虫体毛灰白色，密生；全体黄褐色；前胸盾中部具黑褐色"×"形纹；前胸前缘两侧各有1个较大的黑色瘤突，上生1束黑色长毛；中胸后各体节各生4个较小黑色瘤突，上生1簇刚毛。其中两个为黑毛，两个为黄白色毛；第3至9腹节背面前缘各具1条中间断裂的黑褐色横带，其两侧各有1黑斜纹。蛹：赤褐色，长28～32毫米。茧：灰黄色，长40～75毫米（图2–37–1，图2–37–2）。

图2–37–1　栗黄枯叶蛾成虫

图2–37–2　栗黄枯叶蛾幼虫

3. 发生特点　黄淮产区年发生1代，南方2代，以卵越冬。翌年寄主发芽后孵化，初孵幼虫群集叶背取食叶肉，受惊扰吐丝下垂，稍大后分散取食，幼虫期80～90天，7月开始于枝干上结茧化蛹。蛹期9～20天，7月下旬至8月羽化，成虫昼伏夜出，有趋光性。单雌产卵200～320粒，卵产在枝、干上，常数十粒排成2行，黏附稀疏黑褐色鳞毛，状如毛虫。2代区，成虫发生于4～5月和6～9月。天敌有蠋敌、多刺孔寄蝇、黑青金小蜂等。

4. 防治要点：

（1）农业防治：①冬春季用硬刷子刷除或用硬物挤压枝干上的越冬卵块。②幼虫孵化后，摘除叶片捕杀群集幼虫。

（2）保护利用天敌，控制害虫发生。

（3）药剂防治：卵孵化前后是施药的关键时期，叶面喷洒80%敌敌畏乳油或48%毒死蜱乳油、50%

杀螟硫磷乳油、50%马拉硫磷乳油1 000～1 200倍液；2.5%氯氟氰菊酯乳油或2.5%溴氰菊酯乳油、20%氰戊菊酯乳油3 000～3 500倍液等。

三十八、大青叶蝉

大青叶蝉属鞘翅目，叶蝉科。学名：*Cicadella viridis* (Linnaeus)，又名青叶跳蝉、青叶蝉、大绿浮尘子、桑浮尘子。分布于全国各产区。危害山楂、核桃、苹果、桃、葡萄、枣、柿、栗、樱桃、柑橘等果树的芽和叶。

图 2-38-1 大青叶蝉成虫

图 2-38-2 大青叶蝉卵

1.危害特点 以成虫和若虫刺吸芽、叶汁液，致叶片褪色、畸形、卷缩甚至枯死，并可传播病毒病。

2.形态鉴别 成虫：体长7～10毫米，雄较雌略小，青绿色；头橙黄色，左右各具一小黑斑，眼红色；前翅革质绿色微带青蓝，端部色淡近半透明；前翅反面、后翅和腹背均黑色，腹部两侧和腹面橙黄色。卵：长卵圆形，长约1.6毫米，乳白至黄白色。若虫：与成虫相似，共5龄，初龄灰白色；2龄淡灰微带黄绿色；3龄灰黄绿色，胸腹背面有4条褐色纵纹，出现翅芽；4、5龄同3龄，老熟时体长6～8毫米（图2-38-1，图2-38-2）。

3.发生特点 北方年发生3代，以卵在树木枝条表皮下越冬。4月孵化，于杂草、农作物及花卉上危害，若虫期30～50天。各代发生期大体为：第1代4月上旬至7月上旬，成虫5月下旬出现；第2代6月上旬至8月中旬，成虫7月出现；第3代7月中旬至11月中旬，成虫9月出现。世代重叠严重。成虫夏季趋光性强，晚秋不明显。产卵于茎秆、叶柄、主脉、枝条等组织内，每处产卵6～12粒，排列整齐，表皮呈肾形凸起。非越冬卵期9～15天，越冬卵期5个月以上。春季主要危害花卉及杂草等植物，9、10月则集中于秋季花卉及其他植物上危害，10月中下旬第3代成虫陆续转移到果树、木本花卉和林木上危害并产卵于枝条内，直至秋后，以卵越冬。

4.防治要点

（1）农业防治：彻底清除园内外杂草，减少叶蝉生活场所；发现产卵虫枝及时剪除烧毁；夏季灯光诱杀第2代成虫，减少第3代的发生。

（2）药剂防治：成、若虫危害期，喷洒80%敌百虫可溶性粉剂1 000倍液或2.5%溴氰菊酯乳油2 000～3 000倍液、10%吡虫啉可湿性粉剂3 000倍液、52.25%蜱·氯乳油1 500倍液；2%异丙威粉剂，每667平方米2千克。

三十九、舟形毛虫

舟形毛虫属鳞翅目，舟蛾科。学名：*Phalera flavescens* Bremer et Grey，又名苹掌舟蛾、苹果天社蛾、黑纹天社蛾、举尾毛虫、举肢毛虫、秋黏虫、苹天社蛾、苹黄天社蛾等。分布于全国各产区。危害苹果、山楂、核桃、樱桃、梨、杏、桃、李、栗、枇杷等果树的芽和叶。

1.危害特点　初龄幼虫啃食叶肉，仅留表皮，呈箩底状，稍大后把叶食成缺刻或仅残留叶柄，严重时把叶片食光，造成二次开花。

2.形态鉴别　成虫：体长22～25毫米，翅展49～52毫米，头胸部淡黄白色，腹背雄蛾浅黄褐色，雌蛾土黄色，末端均淡黄色；触角丝状；前翅银白色，在近基部生1个长圆形斑，外缘有6个椭圆形斑，横列成带状，各斑内端灰黑色，外端茶褐色，中间有黄色弧线隔开；翅中部有淡黄色波浪状线4条；后翅浅黄白色，近外缘处生一褐色横带。卵：球形，直径约1毫米，初淡绿渐变灰色。幼虫：体长55毫米左右，被灰黄长毛；头、前胸、臀板、足均为黑色，胴部紫黑色，体侧具3条紫红色线，并具多个淡黄色的长毛簇。蛹：长20～23毫米，暗红褐色至黑紫色，腹末有臀棘6根（图2–39–1，图2–39–2，图2–39–3，图2–39–4）。

图2–39–1　舟形毛虫成虫

图2–39–2　舟形毛虫卵及初孵幼虫

图 2—39—3 舟形毛虫幼虫

图 2—39—4 舟形毛虫蛹

3.发生特点 年发生1代，以蛹在树冠下土中越冬，翌年7月上旬至下旬羽化，成虫昼伏夜出，趋光性强。卵多产在树体东北面的中、下部枝条的叶背，数十粒或百余粒密集成块。卵期6～13天。低龄幼虫傍晚至早晨或阴天群集叶面，头向叶缘排列成行，由叶缘向内啃食。低龄幼虫遇惊扰或震动时，成群吐丝下垂。稍大后分散取食，白天多栖息在叶柄或枝条上，头尾翘起，状似小舟，故称舟形毛虫。幼虫期31天左右，成龄后食量大，常把叶片食光。幼虫老熟后下树入土化蛹越冬。

4.防治要点

（1）农业防治：冬春季翻耕树盘，利用低温和鸟食消灭越冬蛹；在幼虫分散危害前，及时剪除幼虫群居的枝叶并集中烧毁；利用幼虫吐丝下垂的习性，人工震落捕杀幼虫。

（2）生物防治：在卵发生期的7月中下旬释放松毛虫赤眼蜂，卵被寄生率可达95%以上，灭卵效果较好。也可在幼虫期喷洒每克含300亿孢子的青虫菌粉剂1 000倍液。

（3）成虫发生期利用黑光灯诱杀成虫。

（4）药剂防治：卵孵化前后和幼虫分散危害前是树上施药的关键期。可喷洒48%毒死蜱乳油或40%乙酰甲胺磷乳油、50%杀螟硫磷乳油1 000～1 200倍液；90%晶体敌百虫800倍液、20%戊菊酯乳油1 500～2 000倍液、10%醚菊酯乳油800～1 000倍液；25%灭幼脲悬浮剂1 500倍液、3%啶虫脒乳油2 000倍液等。

四十、铜绿金龟

铜绿金龟属鞘翅目，丽金龟科。学名：*Anomala corpulenta* Motschulsky，又名铜绿丽金龟、淡绿金龟子、青金龟子，俗称铜克郎、金克郎、瞎碰等。全国除新疆、西藏、青海等少数产区未见报道外，其他产区均有分布。危害山楂、核桃、樱桃、板栗、杏、石榴、梨、苹果、葡萄、柑橘等果树的芽、叶和花。

1.危害特点 成虫主要危害嫩叶、幼芽及花器，食叶片成孔洞或缺刻，顶芽被害后，主茎停止生长；花器受害易脱落。幼虫危害地下组织。

2. 形态鉴别　成虫：体长15～18毫米，宽8～10毫米，体铜绿色；头部较大，深铜绿色；触角9节鳃叶状；前胸背板发达闪光绿色；鞘翅为黄铜绿色，有光泽，并有不甚明显隆起带；胸部腹板黄褐色有细毛；腹部米黄色，雌虫腹面乳白色。卵：椭圆形，2.3毫米×2.2毫米，乳白色。幼虫：体长32毫米左右，头黄褐色，体乳白色，通称“蛴螬”。蛹：体长22～25毫米，淡黄色（图2–40–1）。

图2–40–1　铜绿金龟成虫

3. 发生特点　年发生1代，以幼虫在土内越冬。翌春3月上到表土层，5月化蛹，6月上旬至7月中旬成虫危害盛期，危害期40天左右。6月下旬至7月中旬产卵，卵多散产在4～14厘米土层中，卵期7～13天，6月中旬至7月下旬幼虫孵化，危害至深秋下移至深土层越冬。成虫昼伏夜出，飞翔力强，有较强的趋光性和假死性，晚上交尾产卵食叶危害，白天潜伏土中，喜欢栖息在深度7厘米左右疏松潮湿的土壤里。幼虫在土壤中钻蛀，危害地下根部。

4. 防治要点

（1）冬前耕翻园地，利用冰冻、日晒、鸟食消灭越冬幼虫。

（2）成虫发生期于傍晚摇动树枝，下铺布单或塑料薄膜震落成虫捕杀之；或用黑光灯诱杀。

（3）药剂防治：①基肥里全面喷洒50%辛硫磷乳油或80%敌敌畏乳油、20%甲氰菊酯乳油1 000～1 500倍液等，搅拌混匀，触杀幼虫。②成虫发生危害期，叶面喷洒50%敌敌畏乳油或90%晶体敌百虫800～1 000倍液、10%氯氰菊酯乳油1 500～2 000倍液、5%顺式氰戊菊酯乳油2 000～3 000倍液等触杀成虫。

四十一、黑绒金龟

黑绒金龟属鞘翅目，金龟科。学名：*Maladera orientalis* Motschulsky，又名东方金龟子、天鹅绒金龟子、姬天鹅绒金龟子、黑绒鳃金龟。除西藏未见报道外，其他各产区均有分布。危害山楂、桃、杨、石榴等近150种植物的叶、花和地下根系。

1. 危害特点　成虫食害寄主的嫩叶、芽及花；幼虫危害地下根系。

2. 形态鉴别　成虫：体长7～8毫米，宽4.5～5毫米；雄虫略小于雌虫，体卵圆形，前狭后宽；体褐色至黑色；体表具丝绒般光泽，故称天鹅绒金龟子；触角鳃叶状；前胸背板宽为长的2倍。卵：椭圆形，长约1.2毫米，乳白色。幼虫：体长14～16毫米，头部黄褐色，体黄白。蛹：长约8毫米，黄褐色（图2–41–1）。

图2–41–1 黑绒金龟成虫

3. 发生特点 年发生1代，以成虫在土中越冬。4月中、下旬出土，5月初6月上旬为发生盛期。成虫夜间和上午潜伏在地势高燥的草荒地中，下午出土，群集危害，喜食寄主的幼嫩部分。有趋光性和假死性，飞翔力较强。6月为产卵盛期，卵散产于植物根际10～20厘米深的表土层中。卵期5～10天，6月中旬幼虫孵化食害根系。8月中、下旬老熟幼虫潜入地下20～30厘米处作土室化蛹，并在其中羽化越冬。

4. 防治要点

（1）农业防治：冬春季深翻园地，利用低温和鸟食消灭地下越冬成虫。

（2）成虫发生期防治：利用其假死性，震落扑杀成虫；用黑光灯诱杀成虫。

（3）药剂防治：用10%辛硫磷颗粒剂处理土壤，杀灭土壤中的幼虫。在成虫发生期于下午4时后，叶面喷洒10%灭百克乳油2 000倍液或2.5%敌杀死乳油2 500～3 000倍液、5%来福灵乳油2 000～4 000倍液；2%杀螟松可湿性粉剂或50%敌敌畏乳油1 000～1 200倍液等。

四十二、苹毛丽金龟

苹毛丽金龟属鞘翅目，丽金龟科。学名：*Proagopertha lucidula* Faldermann，又名苹毛金龟子、长毛金龟子。分布于全国各产区。危害山楂、核桃、樱桃、栗、桃、杏、苹果、石榴等果树的叶、花和地下根系。

1. 危害特点 成虫食害嫩叶、芽及花器；幼虫危害地下组织。

2. 形态鉴别 成虫：体长8.9～12.5毫米，宽5.5～7.5毫米；卵圆至长圆形，除鞘翅和小盾片外，全体密被黄白色茸毛；头胸部古铜色，有光泽；鞘翅茶褐色，具淡绿色光泽，上有纵列成行的细小点刻；触角鳃叶状9节；从鞘翅上可透视出后翅折叠成“V”字形；腹部末端露出鞘翅。卵：椭圆形，长约1.5毫米，乳白至米黄色。幼虫：体长约15毫米，头黄褐色，体白色略泛黄色，通称“蛴螬”。蛹：12.5毫米×6.0毫米，黄褐色（图2-42-1）。

图2-42-1　苹毛丽金龟成虫

3.发生特点　年发生1代，以成虫在土中越冬。翌春3月下旬出土危害至5月下旬，主要危害蕾花，成虫发生期40～50天。4月中旬至5月上旬产卵于土壤中，卵期20～30天。幼虫发生盛期为5月底至6月初，幼虫期60～80天，危害地下根系。7月底至8月下旬化蛹。9月中旬成虫羽化后即在土中越冬。成虫具假死性，喜食花器，一般先危害杏、桃，后转至苹果、山楂、核桃、栗、石榴上危害。卵多产于9～25厘米且土质疏松的土壤中。天敌有：红尾伯劳、灰山椒鸟、黄鹂等益鸟和朝鲜小庭虎甲、深山虎甲、粗尾拟地甲及寄生蜂、寄生蝇、寄生菌等。

4.防治要点　此虫虫源来自多方面，特别是荒地虫量最多，故应以消灭成虫为主。

（1）早、晚张网震落成虫，捕杀之。

（2）保护利用天敌。

（3）地面施药，控制潜土成虫：常用药剂有5%辛硫磷颗粒剂每667平方米3千克撒施；或50%辛硫磷乳油每667平方米0.3～0.4千克加细土30～40千克拌匀成毒土撒施；或稀释500～600倍液均匀喷于地面。使用辛硫磷后应及时浅耙，提高防效。

（4）树上施药：于果树开花前，喷洒52.25%农地乐乳油或50%杀螟硫磷乳油、45%马拉硫磷乳油、48%乐斯本乳油1 200～1 500倍液，或2.5%溴氰菊酯乳油2 000～3 000倍液等。

四十三、绣线菊蚜

绣线菊蚜属同翅目，蚜科。学名：*Aphis citricola van der* Goot，又名苹果黄蚜、苹叶蚜虫。分布于全国各产区。危害山楂、苹果、梨、李、杏、柑橘、木瓜等果树的嫩梢和叶。

1.危害特点　以成虫、若虫刺吸叶和嫩梢汁液，叶片被害后向背面横卷，影响新梢生长及树体发育。

2.形态鉴别　成虫：无翅胎生雌蚜：长卵圆形，体长1.6～1.7毫米，宽约0.94毫米，多为黄色，有时黄绿或绿色；头浅黑色；体表具网状纹，体侧缘瘤馒头形；触角丝状。有翅胎生雌蚜：近纺锤形，体长1.5毫米左右，翅展4.5毫米左右；头部、胸部、腹管、尾片黑色，腹部绿色或淡绿至黄绿色；第2至4腹节两侧具大型黑缘斑；复眼暗红色，触角丝状。若虫：鲜黄色，复眼、触角、足、腹管黑色；无翅若蚜体肥大，腹管短；有翅若蚜胸部较发达，具翅芽。卵：椭圆形，长约0.5毫米，初淡黄渐至黄褐色（图2-43-1，图2-43-2，图2-43-3）。

图2-43-1 绣线菊蚜有翅蚜

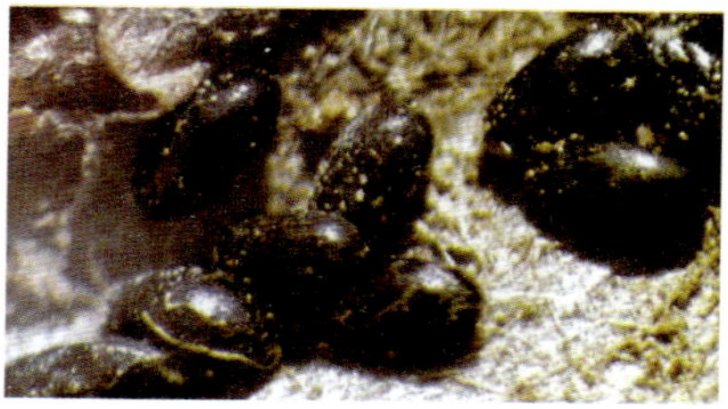

图2-43-2 绣线菊蚜越冬卵

图2-43-3 绣线菊蚜无翅蚜和若蚜

3.发生特点 年发生10多代，以卵在枝杈、芽旁及皮缝处越冬。翌年4月下旬越冬卵孵化，于芽、嫩梢顶端、新生叶的背面危害，10余天即发育成熟，开始进行孤雌生殖直到秋末，只有最后一代进行两性生殖，无翅雌蚜和有翅雄蚜交配产卵越冬。春季繁殖慢，多产生无翅孤雌胎生蚜；5月下旬开始出现有翅孤雌胎生蚜，并迁飞扩散；6月至7月繁殖最快，虫口密度大时枝梢、叶柄、叶背布满蚜虫，危害最重，致叶片向叶背横卷，叶尖向叶背、叶柄方向弯曲。8月至9月虫口密度下降，10月至11月产生有性蚜交配产卵，以卵越冬。天敌有瓢虫、草蛉、食蚜蝇、蚜茧蜂等。

4.防治要点

（1）农业防治：冬春季用硬刷子刮刷树皮裂缝，并用石灰水涂干，既消灭越冬卵，又防冻。发生初期，结合修剪剪除被害枝梢。

（2）保护利用天敌。

（3）药剂防治：①早春发芽前喷洒5%柴油乳剂或黏土柴油乳剂杀卵。②越冬卵孵化后及危害期，及时喷洒1%阿维菌素3 000～4 000倍液或52.25%蜱·氯乳油2 000倍液、48%毒死蜱乳油1 500倍液、50%抗蚜威可湿性粉剂2 000～2 500倍液、10%氯氰菊酯乳油3 000倍液、43%辛·氟乳油1 500倍液、2.5%氯氟氰菊酯乳油3 000倍液等。③树干涂药环，于蚜虫初发期，在树干上部或主枝基部涂6～10厘米宽的药环，涂后用塑料膜包扎，可选用20%氰戊菊酯乳油1 000倍液或40%辛硫磷乳油600倍液、20%异丙威乳油800倍液、2.5%氯氟氰菊酯乳油2 000倍液等。④提倡使用EB-82灭蚜菌或Ec.t-107杀蚜霉素200倍液，掌握在蚜虫发生高峰前选晴天均匀喷洒。

四十四、苹果瘤蚜

苹果瘤蚜属同翅目，蚜科。学名：*Myzus malisuctus* Matsumura，又名苹果卷叶蚜、苹叶蚜虫等。分布于全国各地。危害苹果、山楂等果树的幼果、嫩芽和叶。

1.危害特点　成、若虫群集芽、叶和果实上刺吸汁液，致受害幼叶出现红斑，叶缘向背面纵卷皱缩，变黑褐干枯。幼果被害，果面出现红凹斑，严重的畸形。

2.形态鉴别　成虫：有翅胎生雌蚜：体长1.5毫米左右，翅展4毫米左右，翅透明；头、胸部黑色，复眼黑色，腹部绿至暗绿色，腹管和尾片黑褐色。无翅胎生雌蚜：体长1.4～1.6毫米，暗绿色，头淡黑，复眼暗红色，胸腹背面均具黑横带；腹管与尾片黑褐色。若虫：无翅若蚜淡绿色，似无翅胎生雌蚜；有翅若蚜胸部发达有暗色翅芽，体淡绿色。卵：椭圆形，长约0.5毫米，黑绿色（图2-44-1，图2-44-2）。

图2-44-1　苹果瘤蚜无翅雌蚜

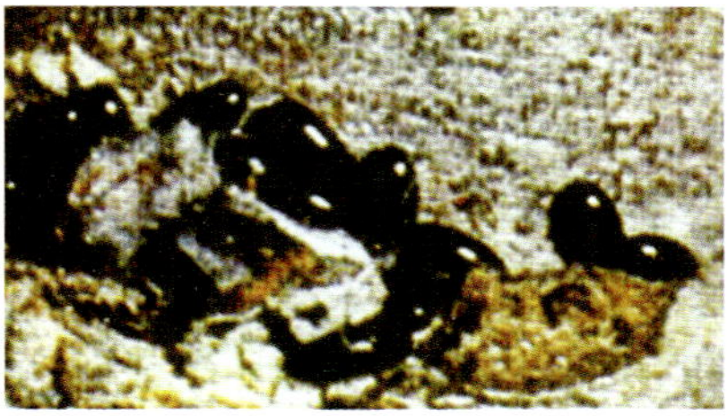

图2-44-2　苹果瘤蚜卵

3.发生特点　年发生10余代，以卵在1年生枝条的芽旁或剪锯口处越冬。翌年寄主发芽时孵化，群集芽叶危害繁殖，5月至6月最重，由于产生有翅胎生雌蚜的数量较少而扩散缓慢，因此，有虫株虫口密度较大，受害较重。进入11月产生有性蚜交配产卵，以卵越冬。天敌有多种瓢虫、草蛉、食蚜蝇、寄生蜂及螨类。

4.防治要点

（1）农业防治：冬前用石灰水涂干，特别注意涂抹剪锯伤口，消灭越冬卵；喷洒2～3波美度石硫合剂，具有杀卵和防病双重效果。

（2）保护利用天敌治蚜。

（3）药剂防治：果树发芽前后即越冬卵孵化期，及时喷洒48%毒死蜱乳油或40%辛硫磷乳油1 000～1 200倍液；或50%抗蚜威可湿性粉剂2 000～2 500倍液、25%仲丁威乳油1 000～1 500倍液、10%醚菊酯乳油800～1 000倍液、20%戊菊酯乳油1 000～1 200倍液等。5月至6月大发生期根据情况用上述药剂再防治1～2次。

四十五、茶蓑蛾

茶蓑蛾属鳞翅目，蓑蛾科。学名：*Clania minuscula* Butler，又名小窠蓑蛾、小蓑蛾、小袋蛾、茶袋蛾、避债蛾、茶背袋虫。分布于全国各产区。危害山楂、栗、樱桃、枣、桃、柑橘、石榴等100多种植物的叶、芽和果皮。

1.危害特点 幼虫在护囊中咬食叶片、嫩梢或剥食枝干、果实皮层，造成局部光秃。该虫喜集中危害。

2.形态鉴别 成虫：雌蛾体长12～16毫米，足退化，无翅，蛆状，体乳白色；头小褐色；腹部肥大，体壁薄，能看见腹内卵粒。雄蛾体长11～15毫米，翅展22～30毫米，体翅暗褐色；触角双栉状；胸部、腹部具鳞毛；前翅翅脉两侧色略深，外缘中前方具近正方形透明斑2个。卵：椭圆形，0.8毫米×0.6毫米，浅黄色。幼虫：体长16～28毫米，头黄褐色，胸部背板灰黄白色，背侧具褐色纵纹2条，胸节背面两侧各具浅褐色斑1个；腹部棕黄色，各节背面均有“八”字形黑色小突起4个。蛹：雌蛹纺锤形，长14～18毫米，深褐色；雄蛹深褐色，长约13毫米；护囊：纺锤形，枯枝色，成长幼虫的护囊，雌的长约30毫米，雄的约25毫米。囊系以丝缀结叶片、枝条碎片及长短不一的枝梗而成，枝梗整齐地纵裂于囊的最外层（图2-45-1，图2-45-2，图2-45-3，图2-45-4，图2-45-5）。

图2-45-1　茶蓑蛾雄成虫

图2-45-2　茶蓑蛾雌成虫

图 2-45-3　茶蓑蛾幼虫

图 2-45-4　茶蓑蛾蛹

图 2-45-5　茶蓑蛾囊

3.发生特点　贵州年发生1代，华东地区年发生1～2代，台湾2～3代。以幼虫在枝叶上的护囊内越冬。翌春3月越冬幼虫开始取食，5月中下旬化蛹，6月上旬至7月中旬成虫羽化并产卵，卵期12～17天。第1代幼虫6月至8月发生且危害重，幼虫期50～60天。第2代幼虫9月出现，危害至落叶越冬。幼虫孵化后先取食卵壳，后爬上枝叶或飘至附近枝叶上，吐丝黏缀碎叶营造护囊并开始取食。天敌有蓑蛾疣姬蜂、松毛虫疣姬蜂、桑蟥疣姬蜂、大腿蜂、小蜂等。

4.防治要点

（1）农业防治：发现虫囊及时摘除，集中烧毁。

（2）生物防治：注意保护利用寄生蜂等天敌昆虫，或喷洒每克含1亿活孢子的杀螟杆菌或青虫菌6号悬浮剂防治。

（3）药剂防治：在幼虫初孵期喷洒90%晶体敌百虫或50%杀螟硫磷乳油1 000倍液，80%敌敌畏乳油1 200倍液、2.5%溴氰菊酯乳油2 000倍液等。

四十六、斑衣蜡蝉

斑衣蜡蝉属同翅目，蜡蝉科。学名：*Lycorma delicatula* (White)，又名椿皮蜡蝉、斑衣、樗鸡、红娘子等。除西北、东北少数地区外，其他各产区均有分布。危害山楂、核桃、柿、桃、杏、石榴、枣、香椿等果树枝叶。

1.危害特点　成、若虫刺吸枝、叶汁液，排泄物常诱发煤污病，削弱树势，严重时引起茎皮枯裂，甚至死亡。

2.形态鉴别　成虫：体长15～20毫米，翅展39～56毫米，雄较雌小，基色暗灰泛红，体翅上常覆白蜡粉；头顶向上翘起呈短角状，触角刚毛状红色；前翅革质，基部2/3淡灰褐色，散生20余个黑点，端部1/3暗褐色，脉纹纵向整齐；后翅基部1/3红色，上有6~10个黑褐斑点，中部白色半透明，端部黑色。卵：长椭圆形，长3毫米左右，状似麦粒。若虫：体扁平，头尖长，足长；1~3龄体黑色，布许多白色斑点；4龄体背面红色，布黑色斑纹和白点；末龄体长6.5~7毫米（图2-46-1，图2-46-2，图2-46-3，图2-46-4）。

图2-46-1 斑衣蜡蝉成虫

图2-46-2 斑衣蜡蝉越冬卵块

图2-46-3 斑衣蜡蝉3龄前若虫

图2-46-4 斑衣蜡蝉4龄后若虫

3.发生特点 年发生1代，以卵块于枝干上越冬。翌年4月至5月孵化。若虫喜群集嫩茎和叶背危害，若虫期约90天，6月下旬至7月羽化。9月交尾产卵，多产在枝杈处的阴面，每块有卵数十粒，卵粒排列成行，上覆土灰色分泌物。成、若虫均有群集性，较活泼、善跳跃，受惊扰即跳离，成虫以跳助飞。白天活动危害。成虫寿命达4个月，危害至10月下旬陆续死亡。

4.防治要点

（1）农业防治：冬春季卵块极好辨认，用硬物挤压卵块消灭。

（2）药剂防治：可喷洒无公害生产允许使用的菊酯类、有机磷等及其复配药剂，常用浓度均有较好效果。由于若虫被有蜡粉，所用药液中混用含油量0.3%～0.4%的柴油乳剂或黏土柴油乳剂，可显著提高防治效果。

四十七、柿广翅蜡蝉

柿广翅蜡蝉属同翅目，广翅蜡蝉科。学名：*Ricania sublimbata* Jacobi 。分布于全国各产区。危害柿、山楂、梨、苹果、桃、李、板栗、柑橘等果树的枝、芽和叶。

1.危害特点　成虫、若虫群集嫩枝、芽、叶背上刺吸汁液；成虫产卵于当年生枝条内。轻者影响枝条生长和叶片光合作用，重者造成产卵部以上枯枝、落叶、落果。

2.形态鉴别　成虫：体长8.5～10毫米，翅展24～36毫米；头、胸背面及腹面深褐色，腹部基部黄褐色；前翅宽阔多纵脉，烟褐色，前缘外1/3处有一个三角形或半圆形透明斑；后翅为暗褐色，半透明。卵：长卵形，长0.8～1.2毫米，乳白色。若虫：体长3～6毫米，略呈钝菱形，翅芽处最宽，疏被白色蜡粉；腹部末端有10条白色绵毛状蜡丝，呈扇状伸出，蜡丝长6～15毫米，常可作孔雀开屏状，向上直立或伸向后方，保护身体；1～4龄若虫白色；5龄若虫中胸背板及腹背面为灰黑色，头、胸、腹、足均为白色，中胸背板有3个白斑，斑中有1个小黑点，呈倒“品”字形排列（图2–47–1，图2–47–2）。

图2–47–1　柿广翅蜡蝉成虫

图2–47–2　柿广翅蜡蝉产卵叶脉

3.发生特点　南方年发生2代，以卵于当年生枝条内越冬。越冬卵4月上旬孵化，4月中旬至6月上旬若虫盛发，6月下旬至8月上旬成虫发生，7月中旬至8月中旬产卵。第1代若虫盛发期在8月至9月，成虫发生期在9月至10月，产卵期在9月上旬至10月下旬。低龄若虫群集危害，稍大后分散，白天活动。成虫羽化初体白色渐变为黑褐色，飞行能力强善跳跃，产卵于当年生直径3～6毫米嫩枝背面光滑处，及叶柄、果柄、叶背叶脉的皮层内，产卵孔外带出部分木丝并覆有白色绵毛状蜡丝。成虫寿命50～70天，危害至秋后陆续死亡。

4. 防治要点

（1）农业防治：冬春季剪除被害产卵枝，并清除果园杂草和四周的杂灌，集中烧毁，以减少虫源。

（2）药剂防治：在两代低龄若虫发生危害期，喷洒48%乐斯本乳油1 000倍液或10%吡虫啉可湿性粉剂3 000～ 5 000倍液、10%氯菊酯乳油2 000～2 500倍液、2%氟丙菊酯乳油1 500～2 000倍液等。药液中加入含油量0.3%～0.4%的柴油乳剂或黏土柴油乳剂，可溶解虫体蜡粉显著提高防治效果。

四十八、八点广翅蜡蝉

八点广翅蜡蝉属同翅目，广翅蜡蝉科。学名：*Ricania speculum* Walker，又名八点蜡蝉、八点光蝉、八斑蜡蝉、橘八点光蝉、咖啡黑褐蛾蜡蝉、黑羽衣、白雄鸡。除西北、东北少数地区外全国其他产区均有分布。危害山楂、核桃、樱桃、枣、桃、杏、石榴、柑橘等果树的枝和叶。

1. 危害特点 成、若虫刺吸嫩枝、芽、叶汁液；排泄物易引发病害；雌虫产卵时将产卵器刺入嫩枝茎内，破坏枝条组织，被害嫩枝轻则叶枯黄、长势弱，难以形成叶芽和花芽，重则枯死。

2. 形态鉴别 成虫：体长6～7毫米，翅展18～27毫米，头胸部黑褐色；触角刚毛状；翅革质密布纵横网状脉纹，前翅宽大，略呈三角形，翅面被稀薄白色蜡粉，翅上具灰白色透明斑5～6个；后翅半透明，翅脉煤褐色明显，中室端有1白色透明斑。卵：长卵圆形，长1.2～1.4毫米，乳白色。若虫：低龄乳白色；成龄体长5～6毫米，宽3.5～4毫米，体略呈钝菱形，暗黄褐色；腹部末端有4束白色绵毛状蜡丝，呈扇状伸出，中间一对略长；蜡丝覆于体背以保护身体，常可作孔雀开屏状，向上直立或伸向后方（图2-48-1，图2-48-2，图2-48-3）。

图2-48-1 八点广翅蜡蝉成虫

图2-48-2 八点广翅蜡蝉产卵枝

图 2-48-3 八点广翅蜡蝉若虫

3.发生特点 年发生1代，以卵在当年生枝条里越冬。若虫5月中、下旬至6月上、中旬孵化，低龄若虫常数头排列于一嫩枝上刺吸汁液危害，4龄后分散于枝梢叶果间，爬行迅速善于跳跃，若虫期40～50天。7月上旬成虫羽化，飞行力较强且迅速，寿命50～70天，危害至10月。成虫产卵期30～40天，卵产于当年生嫩枝木质部内，产卵孔排成一纵列，孔外带出部分木丝并覆有白色絮状蜡丝，极易发现与识别。成虫有趋聚产卵的习性，虫量大时被害枝上刺满产卵迹痕。

4.防治要点

（1）农业防治：冬春剪除被害产卵枝集中烧毁，减少来年虫源。

（2）药剂防治：虫量多时，于6月中旬至7月上旬若虫羽化危害期，喷洒48%乐斯本乳油1 000倍液或10%吡虫啉可湿性粉剂3 000～4 000倍液、10%氯菊酯乳油2 000倍液等。药液中加入含油量0.3%～0.4%的柴油乳剂或黏土柴油乳剂，可溶解虫体蜡粉显著提高防治效果。

四十九、黑蝉

黑蝉属同翅目，蝉科。学名：*Cryptotympana atrata* (Fabricius)，又名蚱蝉，俗名蚂吱嘹、知了、蜘嘹。分布于全国各产区。危害山楂、枣、桃、杏、石榴、苹果、柑橘等果树的枝条和根系。

1.危害特点 成虫刺吸枝条汁液，并产卵于一年生枝条木质部内，造成枝条枯萎而死。若虫生活在土中，刺吸根部汁液，削弱树势。

2.形态鉴别 成虫：雌体长40～44毫米，翅展122～125毫米；雄体长43～48毫米，翅展120～130毫米；体黑色有光泽，被金色绒毛；中胸背板宽大，中间高并具有“×”形隆起；翅透明；雄虫腹部有鸣器，作“吱”声长鸣，雌虫则无，但有听器。卵：长椭圆形，2.5毫米×0.5毫米，白色。若虫：初孵乳白色，渐至黄褐色，体长30～37毫米；前足开掘式，能爬行（图2-49-1，图2-49-2，图2-49-3，图2-49-4）。

3.发生特点 经12～13年完成1代，以卵于被害树枝内及若虫于土中越冬。越冬卵于翌年春孵化，若虫孵化后，潜入土壤中50～80厘米深处，吸食树木根部汁液，在土中生活12～13年。若虫老熟后于6月至8月出土羽化，羽化盛期为7月。

图 2-49-1 黑蝉成虫

图 2-49-2 黑蝉产卵枝

图 2-49-3 黑蝉卵

图 2-49-4 黑蝉若虫

若虫于夜间出土，高峰时间为20～24时，出土后不久即羽化为成虫。成虫寿命60～70天，栖息于树枝上，夜间有趋光扑火的习性，白天“吱、吱”鸣叫之声不绝于耳。产卵于当年生嫩梢木质部内，产卵带长达30厘米左右，产卵伤口深及木质部，受害枝条干缩翘裂并枯萎。

4. 防治要点

（1）农业防治：利用若虫出土附在树干上羽化的习性和若虫可食的特点，发动群众于夜晚捕捉食用。成虫发生期于夜间在园内、外堆草点火，同时摇动树干诱使成虫扑火自焚。在雌虫产卵期，及时剪除产卵萎蔫枝梢，集中烧毁。

（2）药剂防治：产卵后入土前，喷洒40%辛硫磷乳油或45%马拉硫磷乳油、50%丙硫磷乳油1 000～1 200倍液，2.5%敌杀死乳油或10%氯菊酯乳油2 000倍液等。

五十、草履蚧

草履蚧属同翅目，绵蚧科。学名：*Drosicha corpulenta* (Kuwana)，又名草履硕蚧、草鞋蚧壳虫。分布于全国各产区。危害山楂、核桃、樱桃、柿、桃、杏、石榴、苹果、柑橘等果树的枝、干。

1. 危害特点 若虫和雌成虫刺吸嫩枝芽、叶、枝干和根的汁液，削弱树势，重者致树枯死。

2.形态鉴别　成虫：雌体长约10毫米，扁平椭圆，背面隆起似草鞋，体背淡灰紫色，周缘淡黄，体被白蜡粉和许多微毛；触角黑色丝状；腹部8节，腹部有横皱褶和纵沟。雄体长5～6毫米，翅展9～11毫米，头胸黑色，腹部深紫红色，触角黑色念珠状；前翅紫黑至黑色，后翅特化为平衡棒。卵：椭圆形，长1～1.2毫米，淡黄褐色，卵囊长椭圆形，白色绵状。若虫：体形与雌成虫相似，体小色深。雄蛹：褐色，圆筒形，长5～6毫米（图2–50–1，图2–50–2，图2–50–3，图2–50–4）。

图2–50–1　草履蚧雌成虫

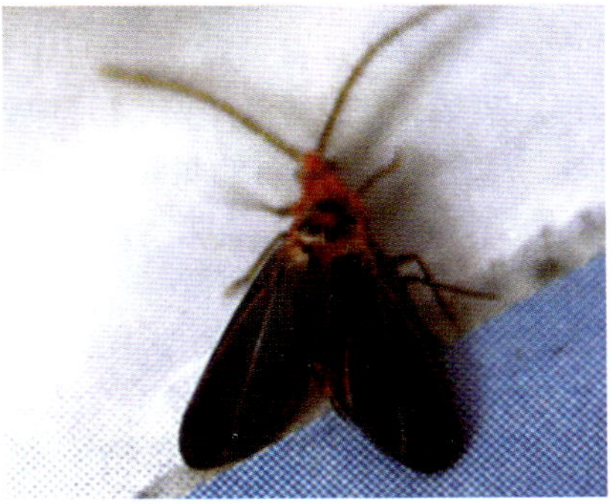
图2–50–2　草履蚧雄成虫

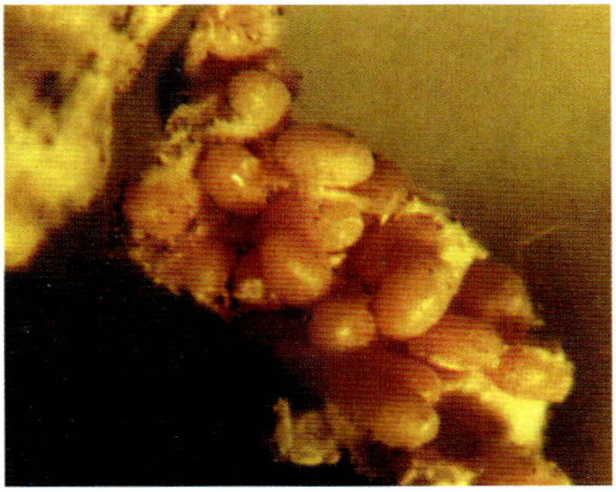
图2–50–3　草履蚧卵

图2–50–4　草履蚧若虫

3.发生特点　年发生1代，以卵和若虫在土缝、石块下或10月至12厘米土层中越冬。卵于2月至3月上旬孵化为若虫并出土上树，初多于嫩枝、幼芽上危害，行动迟缓，喜于皮缝、枝杈等隐蔽处群栖，稍大喜于较粗的枝条阴面群集危害；雌若虫5月中旬至6月上旬羽化，危害至6月陆续下树入土分泌卵囊，产卵于其中，以卵越夏越冬。天敌有红环瓢虫、暗红瓢虫等。

4.防治要点

（1）雌成虫下树产卵前，在树干基部挖坑，内放杂草等诱集产卵，后集中处理。

（2）阻止初龄若虫上树：若虫上树前将树干老翘皮刮除10厘米宽1周，上涂胶或废机油，10～15天涂1次，涂2～3次，注意及时清除环下的若虫。树干光滑者可直接涂。

（3）保护利用自然天敌防治。

（4）药剂防治：若虫发生期喷洒48%乐斯本乳油1 500倍液或50%辛硫磷乳油1 000倍液、2.5%敌杀死乳油2 000倍液、5%来福灵乳油2 000～3 000倍液等。7～10天1次，连续防治3～4次。

五十一、枣龟蜡蚧

枣龟蜡蚧属同翅目，蜡蚧科。学名：*Ceroplastes japonicus* Green，又名日本蜡蚧、日本龟蜡蚧、龟蜡蚧、龟甲蜡蚧。俗称枣虱子。全国除新疆、西藏未见报道外，其他各产区均有发生。危害枣、山楂、柿、桃、杏、石榴、柑橘等果树的枝叶。

1. 危害特点 若虫固贴在叶面上吸食汁液，排泄物布满枝叶，7月至8月雨季易引起大量煤污菌寄生，使叶、枝条、果实布满黑霉，影响光合作用和果实生长。

2. 形态鉴别 雌成虫：虫体椭圆形，紫红色，背覆白蜡质介壳、隆起半球形，表面有龟状凹纹，体长约3毫米，宽2～2.5毫米；雄成虫：体长约1.3毫米，翅展约2.2毫米，体棕褐色，头及前胸背板色深，触角丝状；翅1对白色透明。卵：椭圆形，长径约0.3毫米，橙黄至紫红色。若虫：体扁平椭圆形，长约0.5毫米，后期虫体周围出现白色蜡壳，周边有12～15个蜡角。蛹：仅雄虫在蚧壳下化为裸蛹，梭形，棕褐色（图2–51–1，图2–51–2）。

图2–51–1 枣龟蜡蚧雌成虫

图2–51–2 枣龟蜡蚧若虫介壳

3. 发生特点 年发生1代，以受精雌虫密集在1至2年生小枝上越冬。越冬雌虫4月初开始取食，5月下旬至7月中旬产卵，卵期10～24天。6月中旬至7月上旬孵化，初孵若虫多爬到嫩枝、叶柄、叶面上固着取食，8月初雌雄开始性分化，8月下旬至10月上旬雄虫羽化，交配后即死亡。雌虫陆续由叶转到枝上固着危害，至秋后越冬。卵孵化期间，空气湿度大，气温正常，卵的孵化率和若虫成活率较高。天敌有瓢虫、草蛉、长盾金小蜂、姬小蜂等。

4.防治要点　防治关键期是雌虫越冬期和夏季若虫前期。

（1）农业防治：从11月至翌年3月刮刷树皮裂缝中的越冬雌成虫，剪除虫枝；冬春季遇雨雪天气，及时敲打树枝震落冰凌，可将越冬雌虫随冰凌震落。

（2）保护利用天敌。

（3）药剂防治：在6月末7月初，喷洒50%西维因可湿性粉剂400～500倍液或50%敌敌畏乳油1 000倍液、20%甲氰菊酯乳油3 000～4 000倍液等；秋后或早春喷洒5%的柴油乳剂防效好。

五十二、康氏粉蚧

康氏粉蚧属同翅目，粉蚧科。学名：*Pseudococcus comstocki* (Kuwana)，又名梨粉蚧、李粉蚧、桑粉蚧。分布于全国各产区。危害梨、山楂、李、核桃、樱桃、柿、枣、石榴、苹果、桃、柑橘等果树的枝、叶。

1.危害特点　成、若虫刺吸植物的幼芽、嫩枝、叶片、果实和根部的汁液；嫩枝和根部受害常肿胀且易纵裂而枯死；幼果受害多成畸形果。排泄物常引发煤污病的发生，影响光合作用。

2.形态鉴别　成虫：雌体长3～5毫米，扁平椭圆形，体粉红色，表面被有白色蜡质物，体缘具有17对白色蜡丝，体前端的蜡丝较短，后端稍长，而最末一对特长，几乎与体长相等。雄成虫体长约1毫米，紫褐色，翅透明仅1对，翅展约2毫米，后翅退化成平衡棒。卵：椭圆形，长约0.3毫米，浅橙黄色。若虫：体扁平椭圆形，长约0.4毫米，淡黄色，外形似雌成虫。蛹：仅雄虫有蛹期，浅紫色（图2–52–1，图2–52–2）。

图2–52–1　康氏粉蚧雌成虫

图2–52–2　康氏粉蚧雄成虫

3.发生特点 黄淮地区年发生3代。以卵在树干、枝条粗皮缝隙或石缝土块中以及其他隐蔽场所越冬。翌年春果树发芽时，越冬卵孵化成若虫开始危害幼嫩部分。第1代若虫发生在5月中、下旬，第2代若虫发生在7月中、下旬，第3代在8月下旬。雌成虫在枝干粗皮裂缝内或果实萼筒柄洼等处产卵，有的将卵产在土内。在产卵时，雌成虫分泌大量似絮状蜡质卵囊，卵即产在卵囊内，数十粒集中成块。天敌有草蛉、瓢虫等。

4.防治要点

（1）农业和生物防治：在晚秋树干束草或绑扎麻袋，诱雌成虫产卵，翌年春卵孵化之前将草束等物取下集中烧毁。冬春季刮树皮或用硬毛刷子刷除越冬卵，集中烧毁或深埋。有条件的地区可人工饲养和释放捕食性草蛉、瓢虫等天敌。

（2）药剂防治：①早春喷洒5%轻柴油乳剂或3～5波美度的石硫合剂。②在各代若虫孵化期喷洒50%敌敌畏乳油1 200倍液或90%晶体敌百虫1 500倍液，50%速灭松乳油或10%醚菊酯乳油1 000倍液等。

五十三、苹果球蚧

苹果球蚧属同翅目，蜡蚧科。学名：*Rhodococcus sariuoni* Bor-chs.，又名西府球蜡蚧、沙里院球蚧、沙里院褐球蚧。分布于辽宁、河北、山东、宁夏及周边产区。危害苹果、山楂、梨、桃、樱桃等果树的枝和叶。

1.危害特点 若虫和雌成虫刺吸枝、叶汁液，排泄物易诱发煤污病发生，影响光合作用，削弱树势，重致枝叶枯死。

2.形态鉴别 成虫：雌体长4.5～7毫米，宽4.2～4.8毫米，高3.5～5毫米，产卵前体呈卵圆形，赭红色；产卵后体呈褐色球形，表皮硬化而光亮。雄体长约2毫米，翅展约5.5毫米，淡棕红色；前翅发达乳白色半透明，后翅退化为平衡棒；腹末具2条白色细长蜡丝。卵：圆形，0.5毫米×0.3毫米，淡橘红色被白蜡粉。若虫：初孵体长0.5～0.6毫米，橘红或淡血红色；固着后渐分泌出淡黄半透明的蜡壳，扁平椭圆形，长约1毫米，宽约0.5毫米，壳面有9条横隆线；越冬后雌体成卵圆形栗褐色，雄体长椭圆形暗褐色，表面被白色蜡粉。雄蛹：长卵形，长约2毫米，淡褐色。茧：长椭圆形，长约3毫米，表面有绵毛状白蜡丝（图2-53-1，图2-53-2，图2-53-3）。

3.发生特点 年发生1代，以若虫在1～2年生枝上及芽旁、皮缝固着越冬。翌春果树萌芽期开始危害，4月下旬至5月上、中旬羽化并产卵于体下。5月下旬卵孵化后分散

图 2-53-1　苹果球蚧雌成虫介壳

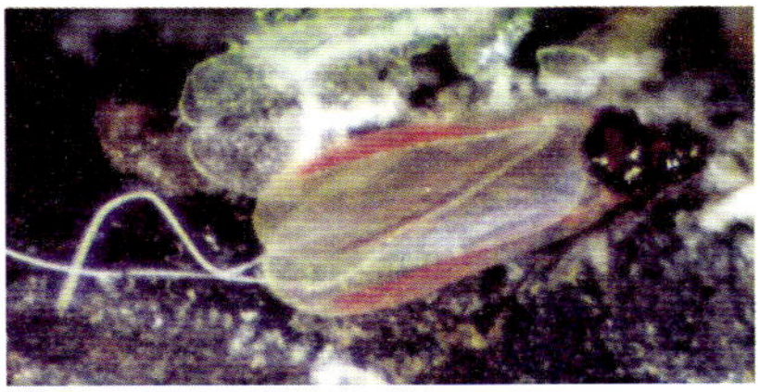

图 2-53-2　苹果球蚧雄成虫

图 2-53-3　苹果球蚧卵

到嫩枝或叶背固着危害，发育极缓慢，直到10月落叶前转移到枝上固着越冬。行孤雌生殖和两性生殖。天敌有瓢虫和寄生蜂等。

4. 防治要点

（1）农业防治：加强检疫，不从疫区调苗，防止传播蔓延。发生初期常呈点片分布，要及时剪除有虫枝烧毁或用手捋抹有虫枝，以铲除虫源。

（2）注意保护和引放利用天敌防治。

（3）药剂防治：①发芽前枝干上喷洒3～5波美度石硫合剂或45%晶体石硫合剂200倍液、94%机油乳剂100倍液、含油量4%～5%的柴油乳剂或黏土柴油乳剂。只要喷洒周到均匀杀虫效果极好，不需采用其他措施。②如果发芽期防治不及时可于5月下旬卵孵化前后叶面喷洒50%甲奈威可湿性粉剂400～500倍液或50%敌敌畏乳油1 000倍液、20%甲氰菊酯乳油2 500～3 000倍液、10%联苯菊酯乳油2 000～2 500倍液等。

五十四、吹绵蚧

吹绵蚧属同翅目，绵蚧科。学名：*Icerya purchasi* Maskell，又名绵团蚧、白蚰、白蜱、棉花蚰、澳州吹绵蚧、白条介壳虫、棉座介壳虫。分布于长江流域及以南和北方温室。危害柑橘、山楂、石榴、柿、葡萄、苹果、梨等280余种植物的枝、芽和叶。

1. 危害特点　若虫和雌成虫群集枝、芽、叶上吸食汁液，排泄物易诱发煤污病。削弱树势，重者枯死。

2. 形态鉴别　成虫：雌椭圆形，体长5～7毫米，暗红或橘红色，背面生黑短毛被白蜡粉向上隆起，产卵期腹末分泌出长4～8毫米的白色卵囊，卵囊上具14～16条白色纵脊。雄体长3毫米，橘红色，胸背具黑斑，触角10节念珠状；前翅紫黑色，后翅退化；腹端两突起上各生4根长毛。卵：长椭圆形，长约0.7毫米，橙红色。若虫：椭圆形，眼、触角和足均黑色，体背覆有浅黄色蜡粉。雄蛹：椭圆形，长2.5～4.5毫米，橘红色。茧：长椭圆形，覆有白蜡粉（图2–54–1）。

图2–54–1 吹绵蚧雌成蚧

3.发生特点 华东与中南地区年发生2～3代，四川3～4代，以若虫和雌成虫在树皮缝隙、叶背及土中结茧化蛹越冬。世代重叠。2代区，3月至5月中旬产卵，6月上旬若虫盛发，7月中旬成虫最多；第2代7月上旬至8月中旬产卵，7月中旬至8月下旬若虫发生并越冬，少数羽化并产卵。4代区，第3代9月至11月发生，第四代盛期在11月后。若虫在叶背主脉两侧及枝干上群集危害，雌成虫成熟后分泌卵囊产卵于内。雄虫少，多营孤雌生殖。越冬代雌、雄成虫交尾后产卵甚多，常在5月至6月成灾。天敌有澳洲瓢虫、大红瓢虫、小红瓢虫、红环瓢虫及寄生菌等。

4.防治要点

（1）保护引放瓢虫：在山楂园按10∶1的比例，在树上放置天敌瓢虫，每株放100～150头，释放瓢虫1个月后，即可消灭吹绵蚧，但当瓢蚧比接近1∶15左右时要转移瓢虫，以免自相残杀。

（2）用硬刷子刷除虫体或剪除虫枝集中烧毁。

（3）果树休眠期防治：落叶后树体喷洒3～5波美度石硫合剂、45%晶体石硫合剂30倍液；春季发芽前喷洒1～3波美度石硫合剂或45%晶体石硫合剂50倍液、含油量5%的矿物油乳剂30倍液、94%机油乳剂50倍液等。

（4）药剂防治：初孵若虫分散转移期或幼蚧期喷洒20%速灭杀丁乳油1 500～2 000倍液或2%罗速发乳油800～1 000倍液、20%灭扫利乳油2 500～3 000倍液；50%丙硫磷乳油或48%乐斯本乳油、30%苯哒磷乳油1 000～1 200倍液等。

五十五、金缘吉丁虫

金缘吉丁虫属鞘翅目，吉丁虫

科。学名：*Lampra limbata* Gebler，又名翡翠吉丁、褐绿吉丁、金背吉丁。分布于全国各产区。危害山楂、枣、桃、梨、苹果、李等果树的枝干。

1. 危害特点 以幼虫蛀食枝干树皮及木质部，幼虫蛀道在韧皮部和木质部之间，蛀道内充满褐色虫粪和木屑，被害处树皮变黑，内部组织变褐。

2. 形态鉴别 成虫：体长13～17毫米，身体稍扁，翠绿色，具金属光泽，前胸背板及鞘翅外缘红色；前胸背板密布刻点；小盾片扁梯形；鞘翅上有由10余条蓝黑色断续的纵纹组成的纵沟；鞘翅端部锯齿状；雌虫腹部末端钝圆，雄虫稍尖。卵：椭圆形，长约2毫米，初乳白渐变为黄褐色。幼虫：老熟幼虫体长30～36毫米，扁平，乳白色至黄白色；头小，暗褐色；前胸膨大，背板中央有1个“人”字形凹纹；腹部10节，分节明显。蛹：体长15～20毫米，初乳白色渐变为紫绿色，有光泽(图2-55-1，图2-55-2)。

图2-55-1 金缘吉丁虫成虫

图2-55-2 金缘吉丁虫幼虫

3. 发生特点 江西、湖北、江苏等地1年发生1代，华北2年发生1代，以幼虫在被害枝干的蛀道内越冬。翌春果树萌芽期，幼虫开始危害。约在4月下旬羽化为成虫，但不出洞。5月中旬向外咬一扁形羽化孔爬出，延续到7月上旬。成虫白天取食叶片，早晚静伏叶上，遇惊扰下坠落地，具假死性。成虫产卵期约10天，单雌产卵20～40粒，产卵于树干皮缝和伤口处，一处产卵2～3粒。5月下旬为产卵盛期，6月上旬为幼虫孵化盛期。初孵幼虫先在皮层处取食，随虫龄增大逐渐向形成层串食，蛀道不规则，到秋后幼虫蛀入木质部越冬。待蛀道绕枝干一周后，致整株（枝）枯死。

4. 防治要点

（1）农业防治：①加强栽培管理，减少树体伤口，以减少成虫产卵条件，降低危害。②根据幼树被害处凹陷变黑、易被识别的特点，常检查并及时用刀将皮层的幼虫挖除。

（2）药剂防治：①在成虫羽化后出洞前，在枝干上喷洒50%辛硫磷乳油800倍液或90%晶体敌百虫600倍液。②在成虫出洞后，喷洒80%敌敌畏乳油1 000倍液或50%杀螟硫磷乳油1 200倍液、40.7%毒死蜱乳油2 000倍液。③在6月至7月幼虫孵化期，结合人工刮除幼虫，在树干上涂抹80%敌敌畏乳油100倍液或3%氯氰菊酯乳油200倍液、50%马拉硫磷乳油150倍液等。

五十六、山楂蠹虫

山楂蠹虫属鞘翅目，长小蠹科。学名：*Platypus* sp，又名山楂长小蠹。分布于山西及周边产区。危害山楂、苹果、柿等果树的树干。

1.危害特点 成虫、幼虫蛀食成龄树主干和大枝的木质部，致隧道纵横交错，严重时深达根部，影响树势。重致树、枝枯死。

2.形态鉴别 成虫：雌体长5.5～6毫米，宽约1.8毫米，雄略小，长筒形棕褐色，鞘翅后端黑褐色；头宽短；触角锤状6节；前胸长方形，与头等宽；鞘翅近矩形，具8条纵刻点列，形成脊沟；腹部短小5节；前足、中足相距较近；后胸长为腹部长的2至2.5倍，致后足似生于体末端。卵：椭圆形，0.6毫米×0.4毫米，乳白色。幼虫：体长5～6毫米，节间缢缩略弯曲，无足，头淡黄色，口器深褐色；胴部12节乳白色，前胸粗大向后渐细，前胸腹板较骨化，淡黄密生短毛；腹部末端腹面中央具淡黄褐色小瘤突1个。蛹：长筒形，长5～6毫米，乳白至褐色（图2–56–1）。

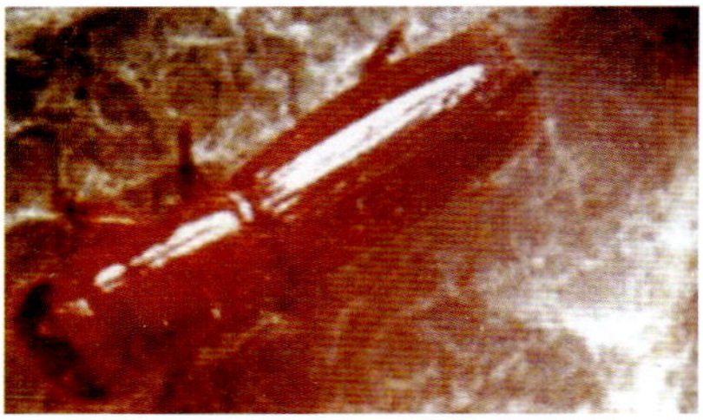

图2–56–1 山楂蠹虫

3.发生特点 年发生2代，以各虫态越冬，但以成、幼虫为主。3月中旬开始活动，发生期不整齐，成虫出树有3个高峰期：4月底至5月初；7月中旬至8月上旬，此期发生数量最多，持续时间最长，是分散传播及侵害新树的时期；9月底至10月上旬。11月中旬当气温降至0℃时越冬。非越冬各虫态历期：成虫期50～60天，幼虫期23～28天，蛹期15～20天，卵期22～27天。成虫有假死性，多从树体主干死皮层凹沟处蛀入，蛀孔直径约1.5毫米，蛀道水平和垂直交互向下蛀，可至根部。在蛀道末端蛀有稍膨大的卵室，初孵幼虫近三角形，经14～16天蜕皮后成为正常体形的幼虫，再经9～12天老熟，各自蛀蛹室化蛹。

4.防治要点

（1）加强果园综合管理：增施

有机肥，科学修剪减少伤口，合理灌排水，及时防治病虫害，增强树势，提高抗病虫能力。

（2）药剂防治：成虫出树期是防治的关键时期。可喷洒2.5%敌杀死乳油或5%功夫乳油、20%灭扫利乳油、20%速灭杀丁乳油、10%天王星乳油、10%氯氰菊酯乳油1 500～3 000倍液等；40%辛硫磷乳油或48%乐斯本乳油、45%马拉硫磷乳油1 000～1 200倍液等，单用、混用或其复配剂均可。注意喷洒树干至淋洗状态，兼对吉丁虫、天牛等枝干害虫有防治作用。

五十七、柳蝙蛾

柳蝙蛾属鳞翅目，蝙蝠蛾科。学名：*Phassus excrescens* Butler，又名蝙蝠蛾、东方蝙蝠蛾。分布于东北、江淮及南方果产区。危害山楂、核桃、栗、葡萄、樱桃、梨、苹果、杏、枇杷等果树的枝干。

1.危害特点　幼虫危害枝条，将木质部表层蛀成环形凹陷坑道，致受害枝条生长衰弱，重则枝条枯死，遭风易折断。

2.形态鉴别　成虫：体长32～36毫米，翅展61～72毫米，体色变化较大，刚羽化绿褐色，渐变粉褐，后变茶褐色；前翅前缘有7个半环形斑纹，翅中央有1个深褐色微暗绿的三角形大斑，外缘具由并列的模糊的弧形斑组成的宽横带；后翅暗褐色；雄蛾后足腿节背侧密生橙黄色刷状毛。卵：球形，直径0.6～0.7毫米，黑色。幼虫：体长50～80毫米，头部褐色，体乳白色，圆筒形，布有黄褐色瘤状突起。蛹：圆筒形，黄褐色（图2–57–1，图2–57–2）。

图2–57–1　柳蝙蛾成虫

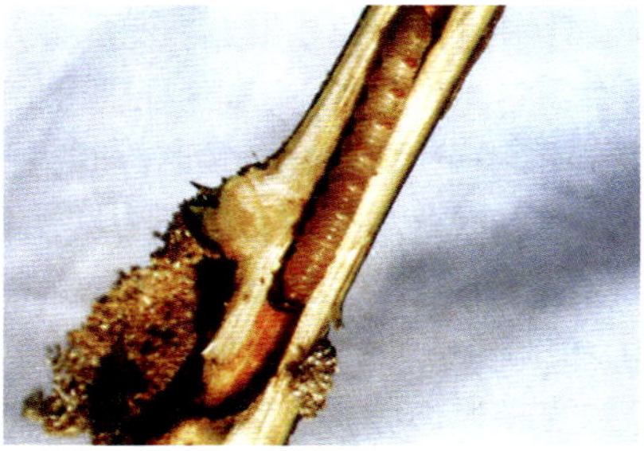

图2–57–2　柳蝙蛾幼虫

3.发生特点　辽宁年发生1代，少数2代，以卵在地面或以幼虫在枝干髓部越冬，翌年5月开始孵化，6月中旬在花木或杂草茎中危害，6月至7月转移到附近木本寄主上，蛀食枝干。8月上旬开始化蛹，8月下旬至9月成虫羽化。成虫昼伏夜出，卵产在地面上越冬，每雌可产卵2 000～3 000粒。2年1代者幼虫翌年8月于被害处化蛹，9月成虫羽化。天敌有孢目白僵菌、柳蝙蛾小寄蝇等。

4.防治要点

（1）农业防治：冬春季耕翻园地，将卵翻压至深层土壤，致幼虫不能正常孵化出土；及时清除园内杂草，集中深埋或烧毁；及时剪除被害虫枝。

（2）保护利用天敌。

（3）药剂防治：①地面施药：5月至6月上旬幼虫孵化及低龄幼虫在地面活动期，地面喷洒40%辛硫磷乳油600～800倍液；45%马拉硫磷乳油或48%毒死蜱乳油800～1 000倍液；2.5%溴氰菊酯乳油或20%氰戊菊酯乳油1 500～2 000倍液等2～3次，省工效果好。②枝干涂药：于幼虫上树前，树干上涂抹上述药液，毒杀上树幼虫。③虫孔注药：幼虫钻入枝干后，可用80%敌敌畏乳油50倍液及上述药液50～100倍液注入虫孔，每孔10～20毫升，注意不要注入太多，以能杀死幼虫药液被树体吸收为好，注多了容易造成烂干。

五十八、瘤胸材小蠹

瘤胸材小蠹属鞘翅目，小蠹科。学名：*Xyleborus rubricollis* Eichhoff。分布于长城以南及西藏、新疆等产区。危害山楂、桃、核桃、柿、杨等果树和林木的干、枝。

1.危害特点　成、幼虫在干、枝木质部内蛀食，影响树势。

2.形态鉴别　成虫：体长2～2.5毫米，宽0.8～0.9毫米，体棕褐色；前胸背板红褐色，鞘翅暗褐至黑褐色，头部被前胸背板遮盖；前胸粗大，长为鞘翅长的2／3；小盾片三角形狭长，鞘翅上各具8列纵刻点沟；腹板5节被鞘翅覆盖；触角7节短小锤状。卵：近球形，乳白色。幼虫：体长约2.2毫米左右，略弯，无足，头浅黄，口器淡褐色，胴部乳白色12节；胸部粗大。蛹：长约2毫米，乳白至浅黄色（图2–58–1）。

图2–58–1　瘤胸材小蠹

3.发生特点　生活史不详。初步观察：成虫行动迟缓，多在老翘皮下蛀入树体，蛀孔圆形，直径约0.8毫米。蛀道不规则，水平横向居多，长短十几厘米至20余厘米，蛀道末端为卵室。幼虫孵化后在卵室和蛀道内活动危害。新羽化成虫出树期和侵入时，常在树干上爬行并在蛀孔处频繁进出，是药剂防治的关键期。

4. 防治要点

（1）农业防治：加强果园综合管理，增施有机肥，科学修剪减少伤口，冬季防冻害早春防霜冻，合理灌排水，疏花疏果防止大小年现象，及时防治其他病虫害，增强树势，提高抗病虫能力。

（2）药剂防治：掌握成虫出树期和侵入期树干喷药至淋洗状态。可喷洒5%氯氟氰菊酯乳油或2.5%溴氰菊酯乳油、10%联苯菊酯乳油、20%甲氰菊酯乳油、10%氯氰菊酯乳油、20%氰戊菊酯乳油1 500～3 000倍液等；5%氟啶脲乳油或10%吡虫啉可湿性粉剂、48%毒死蜱乳油、40%辛硫磷乳油、45%马拉硫磷乳油1 000～1 200倍液等，单用、混用或其复配剂均可，兼防治其他枝干害虫。

五十九、四点象天牛

四点象天牛属鞘翅目，天牛科。学名：*Mesosa myops* (Dalman)，又名黄斑眼纹天牛。分布于全国各产区。危害山楂、苹果、核桃等果树的干和枝。

1. 危害特点　成虫取食枝干嫩皮；幼虫蛀食枝干皮层和木质部，喜于韧皮部与木质部之间蛀食，隧道不规则，内有粪屑，致树势衰弱或枯死。

2. 形态鉴别　成虫：体长8～15毫米，宽3～6毫米，黑色，杂有金黄色毛斑，触角11节赤褐色；头部及前胸背板有小颗粒及点刻，前胸中后方及两侧有瘤状突起，中具4个略呈方形排列的丝绒状黑斑，每斑镶金黄色绒毛边；鞘翅上有许多不规则形黄色斑和近圆形黑斑点；翅中段色较淡，在淡色区的上、下缘中部各有一较大的不规则形黑斑；小盾片中部金黄色。卵：椭圆形，长约2毫米，乳白渐变淡黄白色。幼虫：体长约25毫米，淡黄白色，头黄褐色，口器黑褐色，前胸显著粗大，前胸盾矩形黄褐色；胴部13节。蛹：长10～15毫米，淡黄褐渐变为黑褐色（图2-59-1）。

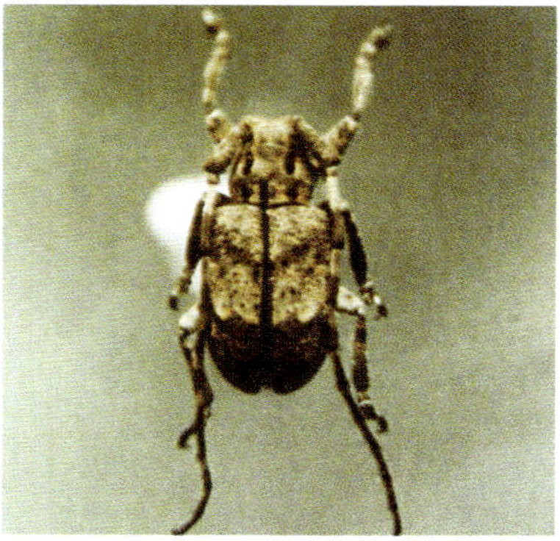

图2-59-1　四点象天牛成虫

3.发生特点 黑龙江2年1代，以幼虫或成虫越冬。翌春5月初越冬成虫开始危害、交配产卵。卵多产在树皮缝、枝节、死节处，尤喜产在腐朽变软的树皮上。卵期15天，5月底幼虫孵化后蛀入韧皮部与木质部之间蛀食，隔一定距离向外蛀1排粪孔。秋后于蛀道内越冬。第2年危害至7月底前后老熟于隧道内化蛹，蛹期10余天，羽化后咬圆形羽化孔出树，于落叶层和干基部各种缝隙内越冬。

4.防治要点

（1）加强综合管理，增施有机肥、合理灌排水，及时防治病虫害，增强树势，提高抗虫能力。

（2）冬春季科学修剪，彻底剪除衰弱、枯死枝集中处理，剪枝后注意伤口涂药消毒保护，促进伤口愈合；结合修剪涂白剂涂干防冻害，春季防霜冻，以减少树体伤口创造不利成虫产卵的条件。

（3）产卵期后刮粗翘皮，消灭部分卵和初龄幼虫，刮皮后及时涂消毒剂保护。

（4）药剂防治：卵孵化盛期和初龄幼虫期为施药关键期，①虫孔注药液：用90%晶体敌百虫或80%敌敌畏乳油、50%辛硫磷乳油、50%杀螟硫磷乳油、20%甲氰菊酯乳油、50%吡虫啉乳油等30～60倍液，从新鲜排粪孔注入药液，毒杀新蛀入幼虫，每孔最多注10毫升，然后用湿泥封孔。②树冠喷药：成虫发生期喷洒10%氯氰菊酯乳油2 000倍液或2.5%溴氰菊酯乳油2 500倍液、20%醚菊酯乳油1 000倍液及上述药液，使用浓度严格按标定要求进行，注意枝干上要全部着药。

六十、桃红颈天牛

桃红颈天牛属鞘翅目，天牛科。学名：*Aromia bugii* Fald ermann，又名红颈天牛、铁炮虫、哈虫。除西藏、新疆等地未见报道外，全国其他产区均有分布。危害桃、山楂、柿、杏、樱桃、苹果、柑橘等核果类果树的树干。

1.危害特点 幼虫于韧皮部和木质部间蛀食，向下蛀弯曲隧道，内有粪屑，长达50～60厘米，隔一定距离向外蛀1排粪孔，致树势衰弱或枯死。

2.形态鉴别 成虫：体长28～37毫米，体黑蓝有光泽，触角丝状11节，超过体长，前胸中部棕红色，背面具瘤状突起4个，侧刺突端尖锐，鞘翅基部宽于胸部，后端略窄，表面光滑。卵：长椭圆形，长6～7毫米，乳白色。幼虫：体长42～50毫米，黄白色，前胸背板横长方形，前半部横列黄褐色斑块4个，背面2个横长方形；后半部色淡有纵皱纹。蛹：长26～36毫米，淡黄白至黑色（图2–

60—1，图2—60—2）。

图2—60—1　桃红颈天牛成虫

图2—60—2　桃红颈天牛幼虫

3.发生特点　2～3年1代，以各龄幼虫于树干蛀道内越冬。寄主萌动后开始危害。成虫发生期南方5月下旬、北方7月上中旬至8月中旬盛发。成虫羽化后3～5天即产卵于距地面35厘米以内树皮裂缝中，卵期7～9天。幼虫孵化后先蛀入韧皮部与木质部之间危害，虫体长大后才蛀入木质部危害，多由上向下蛀食成30～60厘米长的弯曲隧道，可达主根分叉处，隔一定距离向外蛀1排粪孔，粪屑堆积地面或枝干上。幼虫期23～35个月，经2～3个冬天始老熟化蛹，蛹期17～30天。天敌有肿腿蜂等。

4.防治要点

（1）农业防治：成虫发生期白天捕杀成虫；幼虫孵化后检查枝干，发现新排粪孔时，用铁丝刺到隧道底部，上下反复几次，刺杀幼虫；及时清除死树和死枝，消灭虫源。在树干上涂刷石灰硫磺混合涂白剂（生石灰10份、硫磺1份、水40份）防止成虫产卵。

（2）保护利用天敌。

（3）药剂熏杀：6月至9月份发现排粪孔后，初期可用80%敌敌畏乳油10～20倍液涂抹排粪孔；防治晚时可先清除其中的粪便、木屑，然后塞入蘸有80%敌敌畏乳油或50%辛硫磷乳油、45%马拉硫磷乳油10～20倍液的棉球或药泥，杀虫效果均良好。

六十一、粒肩天牛

粒肩天牛属鞘翅目，天牛科。学名：*Apriona germari* (Hope)，又名桑天牛、桑黑天牛等。分布于全国各产区。危害山楂、核桃、苹果、梨、李、柑橘、杏、无花果等果树枝的干和叶。

1.危害特点　成虫食害嫩枝皮和叶；幼虫于枝干的皮下和木质部内蛀食，削弱树势，重者致树枯死。

2.形态鉴别　成虫：体长26～51毫米，宽8～16毫米，黄褐色至浅褐色，密被青棕或棕黄色绒毛；触角丝状；前胸背板具不规则的横皱，侧刺突粗壮；鞘翅基部密布黑色光亮的颗粒状突起，约占全翅长的1/4至1/3，翅端内、外角均呈刺状突出。卵：长椭圆形，长6～7毫米，初乳白渐变淡褐色。幼虫：体长60～80毫米，圆筒形，乳白色；头黄褐色，大部缩在前胸内；腹部13节，无足，背板上密生黄褐色刚毛，后半部生赤褐色颗粒状小点并有“小”字形凹纹。蛹：长30～50毫米，纺锤形，初淡黄渐变黄褐色（图2-61-1，图2-61-2，图2-61-3）。

3.发生特点 北方2～3年1代，广东1年1代，以幼虫在枝干内越冬，寄主萌动后开始危害，落叶后休眠

图2-61-1 粒肩天牛成虫

图2-61-2 粒肩天牛幼虫

图2-61-3 粒肩天牛蛹

越冬。北方地区，幼虫经过2～3个冬天，于6月至7月间老熟后在隧道内化蛹，7月至8月间羽化后从羽化孔钻出。成虫昼伏晚出，卵多产于2～4年生、直径10～20毫米枝条的中下部的上方，产卵前先将表皮咬成“U”形伤口，然后产卵于其中。单雌产卵期达40余天。卵期10～15天，孵化后先于韧皮部和木质部间蛀食，然后蛀入木质部内向下蛀食并至髓部。隔一定距离向外蛀一通气排粪屑孔，排出大量粪屑，低龄幼虫粪便红褐色细绳状，大龄幼虫的粪便为锯屑状。幼虫一生蛀隧道长达2米左右，隧道内无粪便与木屑。

4.防治要点

（1）农业防治：冬春季彻底剪除虫枝，集中烧毁处理；成虫发生期及时捕杀成虫，消灭在产卵之前；成虫产卵盛期后于产卵伤口处挖卵和初龄幼虫；用细铁丝从新鲜排粪孔处插入刺杀虫道内的幼虫。

（2）药剂防治：卵孵化盛期和初

龄幼虫期为施药关键期，①药剂涂产卵槽：用90%晶体敌百虫或80%敌敌畏乳油、50%杀螟硫磷乳油、20%灭扫利乳油、50%吡虫啉乳油等30～50倍液，涂抹产卵刻槽杀虫效果很好。②虫孔注药液：用50%辛硫磷乳油10～20倍液或上述药液从新鲜排粪孔注入，毒杀新蛀入幼虫，每孔最多注10毫升，然后用湿泥封孔。③树冠喷药：成虫发生期喷洒20%多来宝乳油1 000倍液及上述药液，使用浓度严格按标定要求进行，注意枝干上要全部着药。

六十二、小木蠹蛾

小木蠹蛾属鳞翅目，木蠹蛾科。学名：*Holcocerus insularis* Staudinger。分布于全国各产区。危害山楂、苹果、石榴、银杏等果树的枝、干。北京地区危害山楂的情况严重。

1.危害特点 幼虫在根茎、枝干的皮层和木质部内蛀食，形成不规则的隧道，削弱树势，重至死亡。被害处几乎全被虫粪所包围。

2.形态鉴别 成虫：体长21～27毫米，翅展41～49毫米；触角线状；头顶毛丛灰黑色，体灰褐色，中胸背板白灰色；前翅灰褐色，翅中偏后有1个小白点，后翅灰褐色。幼虫：扁圆筒形，老熟幼虫体长30～38毫米；头部棕褐色，胸背有褐色斑纹，前胸背板中部有一“◇”形白斑；腹背浅红色，每节体节后半部色淡，腹面黄白色（图2-62-1，图2-62-2，图2-62-3）。

图2-62-1 小木蠹蛾成虫

图2-62-2 小木蠹蛾卵

图2-62-3 小木蠹蛾幼虫

3.发生特点 中部及南方年发生1代，也有2～3年1代的。北京2年1代，越冬幼虫翌年春芽鳞片绽开时出蛰危害。幼虫2次越冬，跨经3个年度，发育历期640～723天。6月上旬至8月中、下旬成虫羽化。成虫昼伏夜出，有趋光性。卵产于树皮缝隙内。卵期9～21天。7月中旬始见初孵幼虫，低龄幼虫有群集性，先蛀入皮层、韧皮部聚集危害，稍大后分散蛀入树干髓部，蛀道不规则。幼虫10月下旬开始在树干内越冬。翌年5月上旬开始在蛀道内结薄茧化蛹，蛹期7～26天。

4.防治要点

（1）成虫发生期利用黑光灯和性诱剂诱杀成虫。

（2）生物防治：用芫菁夜蛾线虫水悬浮液注射于蛀孔内，剂量每毫升清水中含1 000～2 000条线虫。直至枝干下部连通的排粪孔流出线虫水悬浮液为止，2～5天后树干内的幼虫爬出树外，防效优异。注射时间北京以4月上旬至5月上旬、9月上旬至中旬效果较好。

（3）药剂防治：①成虫产卵期树干上喷洒25%辛硫磷胶囊剂200～300倍液或50%辛硫磷乳油400～500倍液、20%中西除虫菊酯乳油1 000～1 500倍液、3%啶虫脒乳油1 500～2 000倍液等，毒杀卵和初孵幼虫。②幼虫危害初期清除皮下群集幼虫，并用50%辛硫磷乳油与柴油1：9比例混合液涂抹被害处，毒杀初侵入幼虫。③幼虫危害期可用80%敌敌畏乳油或20%哒嗪硫磷乳油、10%天王星乳油等30～50倍液10～20毫升注入虫孔，施药后用湿泥封孔。

第三章

山楂园害虫主要天敌保护与鉴别利用

一、食虫瓢虫

属鞘翅目，瓢虫科。瓢虫的种类多达4000多种，其中80%以上是肉食性的。常见的有七星瓢虫、四斑月瓢虫、二星瓢虫、小红瓢虫、大红瓢虫、异色瓢虫、黑背小毛瓢虫、澳洲瓢虫、深点食螨瓢虫、黑襟毛瓢虫、龟纹瓢虫、孟氏隐唇瓢虫等，均为天敌昆虫。全国各产区均有分布。我国利用瓢虫防治果树害虫已达数十种（图3–1–1，图3–1–2，图3–1–3，图3–1–4）。

图3–1–1　七星瓢虫幼虫

图3–1–2　七星瓢虫蛹

图3–1–3　四斑月瓢虫捕食蚜虫

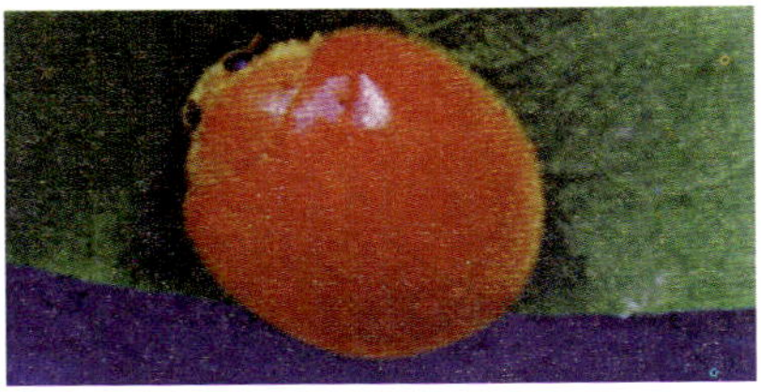

图3–1–4　大红瓢虫

1.防治对象　以成虫、幼虫捕食叶螨、蚜虫、介壳虫、粉虱、木虱、叶蝉等小体型昆虫及鳞翅目低龄幼虫和卵。

2.生活习性　捕食性瓢虫食量很大，如异色瓢虫的1龄幼虫每天捕食蚜虫数量为10～30头，4龄幼虫为每天100～200头，成虫食量更大。而深点食螨瓢虫能捕食果树、蔬菜、花卉及林木等多种螨类的成虫、若虫和卵，它的成虫和幼虫发生时期长，世代重叠，食量大，对果树上的螨类有较好的控制作用。

3.利用方法

（1）利用七星瓢虫等防治果树蚜虫。食蚜瓢虫除七星瓢虫外，还有四斑月瓢虫、二星瓢虫、异色瓢虫、龟纹瓢虫、六斑月瓢虫等。于4月至5月间把麦田的上述瓢虫引移到果园，每667平方米移入千头以上，可有效地防治果树蚜虫。也可在早春利用田间的蚜虫饲养繁殖瓢虫，然后散放到果园中控制果树蚜虫效果好。

（2）用澳洲瓢虫、大红瓢虫、小红瓢虫防治果树害虫吹绵蚧。4月至6月移殖散放到果园中心枝叶茂密、吹绵蚧多的果树上，每500株受害树，散放200头成虫，散放后2个月可消灭吹绵蚧。

（3）利用食螨瓢虫防治果树害螨。常用的有深点食螨瓢虫、广东食螨瓢虫、拟小食螨瓢虫、腹管食螨瓢虫。生产上华北地区用深点食螨瓢虫防治苹果叶螨效果很好。后3种分布东南各省，在4、5月和9、10月将食螨瓢虫散放在果树枝条上，于每667平方米果园中央10株放200～400头，可控制山楂叶螨等。

二、草蛉

属脉翅目，草蛉科。幼虫又称蚜狮。草蛉种类多，分布广，食性杂。已知有86属1 350多种，中国有15属百余种，常见的有中华草蛉、大草蛉、丽草蛉、叶色草蛉、晋草蛉等，分布于长江流域及北方各省。普通草蛉分布在新疆、黄淮、台湾等地（图3–2–1，图3–2–2）。

图3–2–1　草蛉成虫

图3–2–2　草蛉卵

1.防治对象　草蛉是捕食性天敌昆虫。成虫、幼虫捕食螨类、蚜虫类、白粉虱、叶蝉、介壳虫、蓟马等多种小体型害虫以及蝶蛾类和叶甲类的卵和幼虫。

2.生活习性　草蛉食量大，行动迅速，捕食能力强。草蛉在华北地区1年发生3～5代。其成虫产卵量大，少者300～400粒，多者达1 000粒以上。草蛉发育一代需22～43天。1头大草蛉幼虫一生可捕食各类蚜虫600头以上；1头中华草蛉1至3龄幼虫平均日最多可分别捕食若螨400～700头，同时还可捕食其他害虫的卵和幼虫。中华草蛉控制害虫作用非常明显。

3.利用方法　晋草蛉嗜食螨类，可用于防治山楂叶螨、卵形短须螨。大草蛉嗜食蚜虫，用于防治果树上的蚜虫。利用方法是在上述螨类、蚜虫初发时投放即将孵化的灰色蛉卵，也可把蛉卵放入1%琼脂液中，用喷雾法施放。

草蛉的饲养：将新羽化的成虫集中大笼饲养，喂饲清水和啤酒酵母干粉加食糖混合（10∶8）的人工饲料，进入产卵前期转入产卵笼饲喂。每笼养雌草蛉50～75头，搭配少量雄虫，笼内壁围衬卵箔纸，24小时可获草蛉卵700～1 000粒，每天更换卵箔纸1次，添加清水和饲料。把卵箔装进塑料袋封口置于8～12℃条件下，存放30天，卵仍可孵化。

三、寄生蜂、蝇类

寄生蜂，属膜翅目，分属姬蜂科、小蜂科等。种类多，分布广。我国应用较多的有赤眼蜂、蚜茧蜂、甲腹茧蜂、上海青蜂、跳小蜂和姬小蜂、姬蜂和茧蜂等。

1.防治对象　以雌成虫产卵于鳞翅目害虫，如桃蛀螟、果剑纹夜蛾、刺蛾、桃小食心虫、卷叶蛾及蚜虫等寄主体内或体外，以幼虫取食寄主的体液摄取营养，致寄主死亡。

2.生活习性　不同的寄生蜂对寄主的寄生方式不同，可以分别寄生卵、幼虫、蛹和成虫、若虫。

（1）赤眼蜂。是一种寄生在害虫卵内的寄生蜂，我国应用较多的有松毛虫赤眼蜂、拟澳洲赤眼蜂、舟蛾赤眼蜂及稻螟赤眼蜂等。该类蜂体型很小，眼睛鲜红色，故名赤眼蜂。它能寄生400余种昆虫卵，尤其喜欢寄生鳞翅目昆虫卵，如果树上的刺蛾等，是果园害虫的重要天敌。果树上常见的松毛虫赤眼蜂，在自然条件下，华北地区1年发生10～14代，每头雌蜂可繁殖子代40～176头。利用松毛虫赤眼蜂防治果园梨小食心虫，每667平方米放蜂量8万～10万头，梨小食心虫卵寄生率为90%，虫害明显降低，其效果明显好于化学防治（图3–3–1）。

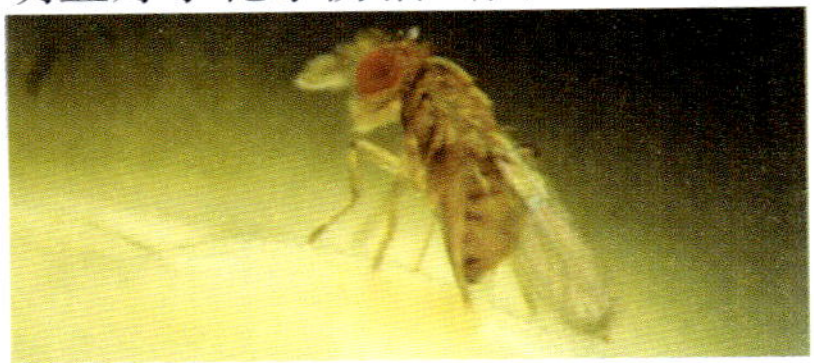

图3–3–1　赤眼蜂成虫

（2）蚜茧蜂。是一种寄生在蚜虫体内的重要天敌。蚜茧蜂在4月至10月份均有成虫发生，每头雌蜂产卵量数粒至数百粒，尤其喜欢寄生2～3龄的若蚜，以6月至9月份寄生率较高，有时寄生率高达80%～90%，对蚜虫种群有重要的的抑制作用（图3–3–2，图3–3–3）。

图 3-3-2 蚜茧蜂寄生后的僵蚜

图 3-3-3 小茧蜂寄生桃天蛾幼虫

（3）甲腹茧蜂。果园常见的是桃小甲腹茧蜂，1年发生2代，寄主为桃小食心虫，以幼虫在桃小食心虫越冬幼虫体内越冬，世代发生与寄主同步。寄生率可达25%～50%。

（4）跳小蜂和姬小蜂。旋纹潜叶蛾的主要天敌，均在寄主蛹内越冬。1年发生4～5代，越冬代成虫5月份将卵产于寄主幼虫体内，寄生率可达40%以上（图3-3-4）。

图 3-3-4 上海青蜂成虫

（5）姬蜂和茧蜂。可寄生多种害虫的幼虫和蛹。果树上主要有桃小食心虫白茧蜂和花斑马尾姬蜂。白茧蜂1年发生4～5代，产卵于寄主卵内，随寄主卵孵化而取食发育，直至将寄生幼虫致死。马尾姬蜂1年发生2代，以幼虫在寄主幼虫体内越冬，翌春待寄主化蛹后将其食尽，并在寄主蛹壳内化蛹（图3-3-5，图3-3-6，图3-3-7，图3-3-8）。

图 3-3-5 广黑点瘤姬蜂成虫

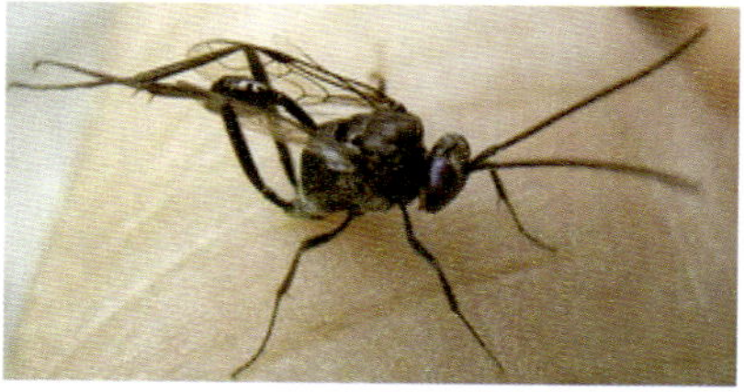

图 3-3-6 姬蜂成虫

图 3-3-7 绒茧蜂成虫

图 3-3-8 害虫体上的茧蜂幼虫

（6）寄生蝇。属双翅目，寄蝇科。是果园害虫幼虫和蛹的主要天敌，防治对象与寄生蜂类基本相同。与苍蝇的主要区别是身上有很多刚毛，种类很多。果树上常见的有卷叶蛾赛寄蝇、伞裙追寄蝇等，寄主为桃小食心虫、大袋蛾、棉铃虫、小地老虎等（图3-3-9，图3-3-10）。

图 3-3-9 寄生蝇寄生石榴茎窗蛾幼虫

图 3-3-10 寄生蝇寄生木蠹蛾幼虫

3.利用方法 以赤眼蜂为例，用蓖麻蚕、柞蚕及松毛虫的卵，繁殖松毛虫赤眼蜂和拟澳洲赤眼蜂，这两种赤眼蜂在蓖麻蚕卵内，25℃发育历期10～12天，每年可繁殖30～50代。繁殖时可从田间采集被赤眼蜂寄生的卵，羽化后进行鉴定再饲养。用于寄生的蓖麻蚕卵先洗掉表面胶质，用白纸涂薄胶后，把蚕卵均匀黏上制成卵箔或称卵卡。繁蜂时把卵箔置于繁蜂箱透光一面，当种蜂羽化30%～40%时接蜂。成蜂趋光并趋向蚕卵寄生。种蜂和蓖麻蚕卵的比为2∶1或1∶1，适温25～28℃，相对湿度85%～90%为宜。田间放蜂、繁蜂及防治对象的卵期应掌握恰当才能有效。制好的蜂卡要在蜂发育到幼虫期或预蛹期时，置于10℃以下冷藏保存，50～90天内羽化率不低于70%。放蜂时把即将羽化的预制蜂卡，按布局分放在田间，使其自然羽化，也可先在室内使蜂羽化、再饲以糖蜜，然后到田间均匀释放。防治发生代数较多或产卵期较长的害虫时，应在害虫产卵期内多放几次蜂。

四、捕食螨

属蛛形纲，分属不同的科。俗称红蜘蛛、黄蜘蛛等。是以捕食害螨为主的有益螨类的统称。我国有利用价值的捕食螨种类有智利小植绥螨、东方植绥螨、尼氏钝绥螨、穗氏钝螨、东方钝绥螨、拟长毛钝绥螨、西方盲走螨等（图 3–4–1）。

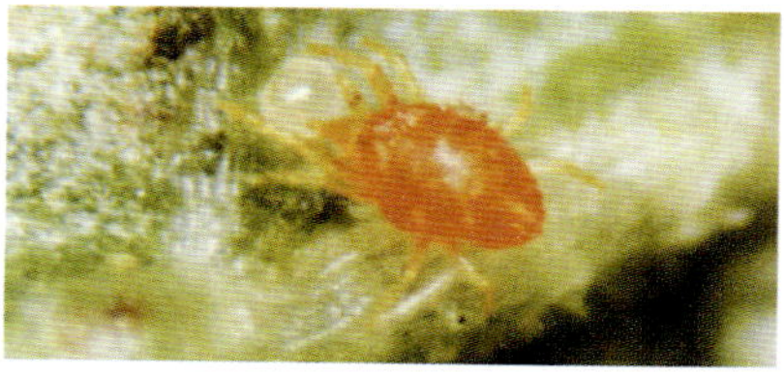

图 3–4–1　具瘤神蕊螨捕食红蜘蛛卵（上）

1. 防治对象　以成、若虫捕食害螨和蚜虫、介壳虫、叶蝉等小体型害虫和卵。

2. 生活习性　在捕食螨中以植绥螨最为理想，它捕食凶猛，具有发育周期短、捕食范围广、捕食量大等特点，1头雌螨能消灭5头害螨在半月内繁殖的群体，同时还捕食一些蚜虫、介壳虫等小体型害虫。植绥螨发生代数因种类而异，一般1年发生 8～12 代，以雌成虫在枝干树皮裂缝或翘皮下越冬。幼螨孵化后随即取食，成、若螨均可捕食害螨的各虫态。

3. 利用方法

（1）我国对几种植绥螨的饲养繁殖，多采用隔水法：即在瓷盆内垫泡沫塑料，上盖一层薄膜，饲料和植绥螨放在薄膜上，盘中加浅水隔离，防止植绥螨逃逸。饲料以喜食的害螨为主，也可用 20%～50% 的蜂蜜水、鲜花粉或干燥2年的柑橘花粉为食料。

（2）适时在果园中释放植绥螨。果园内种植益螨栖息植物豆类等，增加其栖息场所和食料来源；合理灌溉，提高果园相对湿度；加强测报，必要时进行挑治，以利益螨繁殖，使益螨种群数量增加，维持益、害螨之间的数量平衡，把害螨控制在经济阈值允许的范围之内。

五、蜘蛛

属蜘蛛纲，蛛形目。种类多，种群的数量大，分属不同的科。我国有3 000多种，现已定名1 500余种，其中80%生活在果园中，是害虫的主要天敌。如三突花蛛、草间小黑蛛、八斑球腹蛛、拟水狼蛛等（图 3–5–1，图 3–5–2）。

图 3–5–1　蜘蛛

图 3–5–2　蜘蛛

1. 防治对象　为肉食性动物。捕食同翅目、鳞翅目、直翅目、半翅目、鞘翅目等多种害虫，如蚜虫、花弄蝶、毛虫类、蟠象、叶蝉、飞虱、卷叶蛾等害虫的成虫、幼虫和卵。

2. 生活习性　蜘蛛寿命较长，小体型半年以上，大体型可达多年；两性生殖，雄蛛体小，出现时间短，通常采到的多为雌蛛；抗逆性强，耐高温、低温和饥饿；为肉食性动物，性情凶猛，行动敏捷，专食活体，在它的视力范围或丝网附近的猎物很少能够逃脱；分结网和不结网两类，前者在地面土壤间隙做穴结网或在树冠上、草丛中结网，捕食落入网中的害虫，后者在地面游猎捕食地面和地下害虫，也可从树上、草丛、水面或墙壁等处猎食，无固定的栖息场所。捕食时先用螯肢刺入活虫体内，注入毒液使之麻痹，然后取食。

3. 利用方法

（1）创造适于蜘蛛生存的环境条件，特别注意不要人为破坏蜘蛛结的丝网；收集田边、沟边杂草等处的蜘蛛，助其迁入果园。

（2）人工繁殖：人工繁殖母蛛越冬，待其产卵孵化后，分批释放至果园，增加果园有益蛛量。或于2月至3月份田间收集越冬卵囊，冷藏在0℃左右的低温下，经40天对孵化无影响，待果树发芽后放入果园。

（3）防治害虫时选择高效低毒农药，禁用剧毒农药，以免伤及害虫天敌。

六、食蚜蝇

属双翅目，食蚜蝇科。种类多，分布广。主要有黑带食蚜蝇、斜斑额食蚜蝇等（图 3–6–1，图 3–6–2）。

图 3–6–1　食蚜蝇成虫

图 3–6–2　食蚜蝇成虫

1. 防治对象　捕食果树蚜虫、叶蝉、介壳虫、飞虱、蓟马、叶螨等小体型害虫和蝶蛾类害虫的卵和初龄幼虫。

2. 生活习性　成虫颇似蜜蜂，但腹部背面大多有黄色横带，喜取食花粉和花蜜。卵单产，白色，大多产于蚜虫群中或其周围。黑带食蚜蝇是果园中较常见的一种，幼虫蛆形，头尖尾钝，体壁上有纵向条纹，碰到蚜虫就用口器咬住不放，举在空中吸，把体液吸干后丢弃在一旁，又继续捕食；幼虫孵化后即可捕食蚜虫，每头幼虫一生可捕食数百头至数千头蚜虫；在华北地区1年发生4～5代，卵期3～4天，幼虫期9～11天，蛹期7～9天，多以末龄幼虫或蛹在植物根际土中越冬，翌春4月上旬成虫出现，4月下旬在果树及其他植物上活动取食，5月至6月份各虫态发生数量较多，7月至8月份蚜虫等食料缺乏时，幼虫在叶背或卷叶中化蛹越夏，秋季又继续取食或转移至果园附近农田或林木上产卵，孵化后继续取食蚜虫，秋后入土化蛹。

3. 利用方法

（1）种植蜜源植物，招引和诱集食蚜蝇繁衍。

（2）人工繁殖和释放。

（3）提倡使用低毒高效低残留农药，禁用剧毒农药，保护天敌。

七、食虫蝽象

属半翅目，蝽总科。果园害虫天敌的一大类群，其种类很多。主要有光肩猎蝽、茶色广喙蝽、东亚小花蝽、小黑花蝽、黑顶黄花蝽、白带猎蝽、褐猎蝽等（图3–7–1，图3–7–2，图3–7–3）。

1. 防治对象　以成、若虫捕食蚜虫、叶螨、介类、叶蝉、蓟马、蝽象以及鳞翅目、鞘翅目害虫的卵及低龄幼虫。

图3–7–1　光肩猎蝽成虫

图3–7–2　光肩猎蝽若虫

图3–7–3　小花蝽若虫捕食红蜘蛛

2. 生活习性　食虫蝽象与有害蝽象的区别：有害蝽象有臭味，其喙由头顶下方紧贴头下，直接向体后伸出，不呈钩状。而食虫蝽象大多无臭味，喙坚硬如锥，基部向前延伸，弯曲或呈钩状，不紧贴头下。在北方果区多数食虫蝽象1年发生4

代，发生期4月至10月，若虫孵化后即可以取食，专门吸食害虫的卵汁或幼、若虫体液。捕食能力很强，1头小黑花蝽成虫日平均捕食各种虫态叶螨20头，卵20粒，蚜虫27头。以雌成虫在果树枝、干的翘皮下越冬，翌年4月开始活动取食。

3.利用方法

（1）创造适于天敌活动的环境条件，招引和诱集。

（2）人工繁殖和释放。

（3）果园用药要选用对天敌杀伤力小的农药，保护天敌。

八、螳螂

属螳螂目，螳螂科。俗称砍刀。种类多，分布广，我国有50余种，常见的有广腹螳螂、大刀螳螂、薄翅螳螂、中华螳螂等（图3–8–1，图3–8–2，图3–8–3，图3–8–4）。

1.防治对象　捕食蚜虫类、蛾蝶类、甲虫类、蝽象类等60余种果园害虫，食性很杂。

2.生活习性　北方果区年发生1代，以卵在树枝上越冬。每年5月下旬至6月下旬孵化为若虫，8月羽化为成虫，成虫交尾后，雌成虫即将雄成虫吃掉，9月后产卵越冬。自春至秋田间均有发生，成、若虫期100～150天，其间均可捕食害虫。若虫具有跳跃捕食习性，1至3龄若虫喜食蚜虫，特别是有翅蚜，3龄

图3–8–1　螳螂成虫（褐色型）

图3–8–2　螳螂成虫（绿色型）

图3–8–3　螳螂若虫（绿色型）

图3–8–4　螳螂茧

以后嗜食体壁较软的鳞翅目害虫，成虫则可捕食各类虫态的害虫。螳螂食量大，1头螳螂一生可捕食害虫2000多头。其捕食有两大特点，一

是只捕食活的猎物；二是即使吃饱了，见到猎物不吃也要杀死，即螳螂特有的杀死性。

3.利用方法

（1）人工繁殖和释放：螳螂产卵后，采集产有螳螂卵的枝条，放在室内保护越冬，第2年待初孵若虫出现时，释放到果园，每667平方米释放200～300头。

（2）注意化学药剂的品种选择、喷药量和喷药时期，尽量避免在杀死害虫的同时也杀死螳螂。

九、白僵菌

虫生真菌，属半知菌类，是昆虫的主要病原真菌。

1.防治对象　可防治鳞翅目、鞘翅目、半翅目、同翅目、直翅目、膜翅目等200余种害虫的幼虫。如危害果树的桃小食心虫、桃蛀螟、刺蛾类、夜蛾类、梨虎象、柑橘卷叶蛾、拟小黄卷蛾、褐带长卷蛾、后黄卷叶蛾、荔枝蝽等（图3－9－1，图3－9－2，图3－9－3，图3－9－4）。

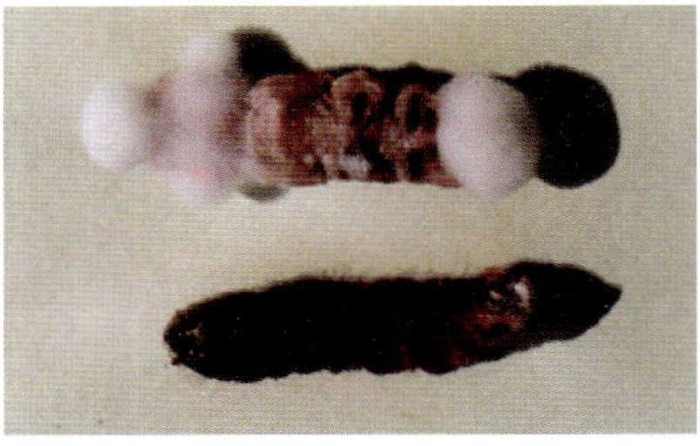

图3－9－1　白僵菌致鳞翅目幼虫死亡状

图3－9－2　白僵菌致金龟子成虫死亡状

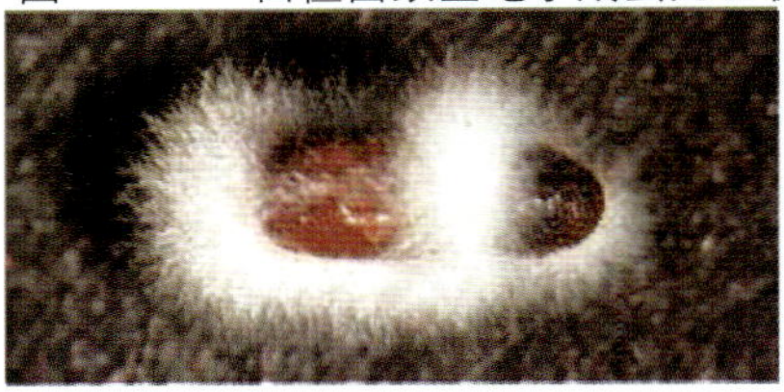

图3－9－3　白僵菌致害虫蛹死亡状

图3－9－4　绿僵菌致蛴螬死亡状

2.作用机理　白僵菌菌剂一般为白色至灰白色粉状物，是白僵菌的分生孢子。国产白僵菌粉剂，每克含活孢子50亿～80亿个。菌剂喷洒到害虫体上后，菌丝穿透幼虫体壁，在体内大量繁殖，约经2～3天致害虫死亡。死虫体壁坚硬，体表长满白色菌丝及孢子，称为白僵虫。虫体上的孢子随风扩散，遇到其他害虫又可传染，使害虫致病死亡。白僵菌寄主专一性强（对桃小食心虫的自然寄生率可达20%～60%)，持效性长，可保护天敌，致死害虫速度虽不及化学农药效果明显，但对环境不会造成污染。

3. 利用方法

（1）用于防治桃小食心虫和蛴螬：在果园桃小越冬幼虫出土和脱果初期，以及蛴螬活动盛期，树下地面喷洒白僵菌粉每平方米8克、与25%辛硫磷微胶囊剂每平方米0.3毫升混合液，防效明显。

（2）用白僵菌高效菌株B—66处理地面，可使桃小食心虫出土幼虫大量感病死亡，幼虫僵死率达85.6%，并显著降低蛾、卵数量。

（3）防治蚜虫：在蚜虫发生严重时，喷洒白僵菌制剂，感染该菌的蚜虫死后表面呈白色，症状明显。

利用白僵菌制剂防治害虫，菌液要随配随用，配好的菌液应在2小时内喷完，以免孢子过早萌发，失去致病力；田间湿度大、菌剂与虫体接触，防治效果才好。

十、苏云金杆菌

属细菌。苏云金杆菌，又叫Bt，亦称“424”，另杀螟杆菌、青虫菌、松毛虫杆菌、“7216”等都属于苏云金杆菌类。利用其制成的杀虫剂称为细菌杀虫剂。

1. 防治对象　能杀死农林、果树等多种害虫，尤其对鳞翅目幼虫如刺蛾类、卷叶蛾类、桃蛀螟、桃小食心虫、枣尺蠖等防治效果好。且对草蛉、瓢虫等捕食性天敌无害（图3—10—1，图3—10—2）。

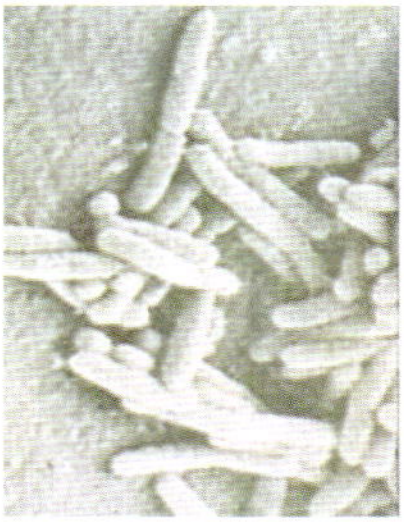

图3—10—1　苏云金杆菌营养体

图3—10—2　BT致鳞翅目幼虫死亡状

2. 作用机理　是目前世界上产量最大的微生物杀虫剂。已有100余种商品制剂。其制剂因采用的原料和方法不同，呈浅黄色、黄褐色或黑色粉末，每克含活孢子100～300亿个。可以喷雾、喷粉、泼浇或制成毒土和颗粒剂。杀虫细菌是一种好气性细菌，芽孢对高温忍耐力较强，制剂不受潮湿、保存适当可数年不丧失毒力。其杀虫机理是害虫食菌后破坏害虫的肠道，影响取食，致害虫死亡。杀虫效果对老熟幼虫比幼龄害虫好。

3.利用方法

（1）喷雾防治桃蛀螟、刺蛾和卷叶蛾类：选择有露水的早晨或空气湿度较大的傍晚，用每克含活孢子数为100亿的菌粉300～500倍液喷雾，使用时加0.1%的洗衣粉或豆面作粘着剂，可提高防治效果。

（2）菌粉应放在干燥阴凉处保存，避免水湿、暴晒，对家蚕有毒，严禁在桑园使用。因杀虫速度比化学农药慢，施药期应稍加提前。

十一、核多角体病毒

感染昆虫的病毒有三大类，即多角体病毒（NPV）、颗粒病毒和无包涵病毒，利用最多的是多角体病毒。

1.防治对象　感染近200种昆虫发病，主要是鳞翅目昆虫幼虫，如大袋蛾等（图3–11–1）。

图3–11–1　鳞翅目幼虫感染病毒死亡状

2.利用方法　饲养健康的幼虫至3龄末时，用带病毒的饲料喂食使其感染，3天后幼虫开始死亡。将死虫收集在棕色瓶里，即制成毒剂，贮存备用。防治大袋蛾时，可在卵盛期喷布。每667平方米用30～50头死虫研碎，用二层纱布过滤后再用少量清水冲洗加至所需水量。每667平方米所用病毒制剂内加30克充分研碎的活性炭保护剂提高防效。每代需喷2～3次，相隔5～7天。防治两次的防效达84%以上，高于其他化学农药，且可以保护天敌。

十二、食虫鸟类

我国以昆虫为主要食料的鸟类约有600种。常见的有大山雀、燕子、大杜鹃、大斑啄木鸟、灰喜鹊、喜鹊、戴胜、黄鹂、柳莺等（图3–12–1，图3–12–2）。

图3–12–1　喜鹊

图3–12–2　戴胜

1. 防治对象　可啄食多种农、林、果害虫，主要有叶蝉、叶蜂、蚜虫、木虱、蝽象、金龟甲、蝶蛾类幼虫等，果园内所有害虫都可能被取食，对害虫的控制作用非常大。虽然鸟类也啄食成熟的果实，使果实失去食用价值，但利大于弊。

2. 生活习性

（1）大山雀。山区、平原均有分布，地方性留鸟，喜在果园及灌木丛中活动，善跳跃和飞翔。多在树洞、墙洞中筑巢，产卵3～5枚。食量很大，1只大山雀一天捕食害虫的数量相当于自身体重，在大山雀的食物中，农林害虫数量约占80%（图3–12–3）。

图3–12–3　大山雀

（2）大杜鹃。夏候鸟或旅鸟，和鸽子大小相近，喜栖息在开阔的林地，以取食大型害虫为主，特别喜食一般鸟类不敢啄食的毛虫，如刺蛾等害虫的幼虫，1只成年杜鹃一天可捕食300多头大型害虫（图3–12–4）。

图3–12–4　大杜鹃

（3）大斑啄木鸟。身体上黑下白，尾下呈红色。在树上活动时，一面攀登，一面以嘴快速叩树，叩树之声不绝于耳，若树上有虫，则快速啄破树皮，用舌钩出害虫吞食，主要捕食鞘翅目害虫、蝽象、天牛蛀干幼虫等。食量很大，每天可取食1 000～1 400头害虫幼虫（图3–12–5）。

图3–12–5　大斑啄木鸟

（4）灰喜鹊。留鸟。全体灰色，灵活敏捷，善飞翔，喜在密集的果园和森林中群居和筑巢。喜食金龟子、刺蛾、蓑蛾等30余种害虫，1只灰喜鹊全年可吃掉1.5万头害虫（图3–12–6）。

图3–12–6　灰喜鹊

3. 保护利用

(1) 禁止人为破坏鸟巢，捕猎、毒害鸟类。

(2) 招引鸟类：冬季在果园为食虫益鸟给饵、在干旱地区给水、在果园栽植益鸟食饵植物、在果园内设置人工鸟巢箱等，为益鸟的栖息和繁殖创造条件。

(3) 避免频繁使用广谱性杀虫剂，以免误伤鸟类。

(4) 人工饲养和驯化当地鸟类，必要时可操纵其治虫。

十三、蟾蜍(癞蛤蟆)、青蛙

蟾蜍是无尾目、蟾蜍科动物的总称，全国各地均有分布，有300余种。青蛙是无尾目、蛙科动物的总称，有650余种。蛙和蟾蜍的区别：皮肤比较光滑、身体比较苗条、善于跳跃、会游泳的称为蛙（图3–13–1）；而皮肤比较粗糙、身体比较臃肿、不善跳跃、不会游泳的称为蟾蜍(图3–13–2)。

图3–13–1 青蛙

图3–13–2 蟾蜍

1. 防治对象 主要捕食蚱蜢、蝶蛾类幼虫、象鼻虫、蝼蛄、金龟甲、蚜虫等多种害虫。

2. 生活习性 蛙和蟾蜍冬季多潜伏在水底淤泥里或烂草里，也有的在陆上泥土里越冬。从春末至秋末，白天栖息于石块下、草丛、土洞或池塘、水沟、小河内。黄昏和夜间捕食，有的昼夜均可取食，但以夜间的为多，尤其喜雨后捕食各种害虫，捕食量大，一头青蛙日捕食70多头害虫，对控制果园害虫效果明显。

3. 利用方法

(1) 禁止捕食青蛙和捕捞蝌蚪。

(2) 合理使用农药，禁止使用高毒、高残留农药，保护蛙类。

(3) 有目的的饲养：当发现田埂边或将要断水的沟渠中有蛙卵和蝌蚪时，及时捞取，放入有水沟渠中，使蛙卵正常孵化和蝌蚪正常生长。

第四章

山楂病虫无公害综合防治

一、适宜果园使用的农药种类及其合理使用

无公害果品生产使用的农药药剂，必须是经国家正式登记的产品，不能使用有致癌、致畸、致突变的危险的或有嫌疑的药剂。

（一）允许使用的部分农药品种及使用要求

在果园无公害果品生产中，要根据防治对象的生物学特性和危害特点合理选择允许使用的药剂品种。主要种类有：

1.植物源杀虫、杀菌素 包括除虫菊素、鱼藤酮、烟碱、苦参碱、植物油、印楝素、苦楝素、川楝素、茴蒿素、松脂合剂、芝麻素等。

2.矿物源杀虫、杀菌剂 包括石硫合剂、波尔多液、机油乳剂、柴油乳剂、石悬剂、硫磺粉、草木灰、腐必清等。

3.微生物源杀虫、杀菌剂 如B.t乳剂、白僵菌、阿维菌素、中生菌素、多氧霉素和农抗120等。

4.昆虫生长调节剂 如灭幼脲、除虫脲、卡死克、性诱剂等。

5.低毒低残留化学农药

（1）主要杀菌剂有：5%菌毒清水剂，80%喷克可湿性粉剂，80%代森锰锌可湿性粉剂，70%甲基硫菌灵可湿性粉剂，50%多菌灵可湿性粉剂，40%福星乳油，1%中生菌素水剂，70%代森锌可湿性粉剂，70%乙膦铝锰锌可湿性粉剂，834康复剂，15%粉锈宁乳油，75%百菌清可湿性粉剂，50%扑海因可湿性粉剂等。

（2）主要杀虫杀螨剂有：1%阿维菌素乳油，10%吡虫啉可湿性粉剂，25%灭幼脲3号悬浮剂，50%辛脲乳油，50%蛾螨灵乳油，20%杀铃脲悬浮剂，50%马拉硫磷乳油，50%辛硫磷乳油，5%尼索朗乳油，20%螨死净悬浮剂，15%哒螨灵乳油，40%蚜灭多乳油，99.1%加德士敌死虫乳油，5%卡死克乳油，25%扑虱灵可湿性粉剂，25%抑太保乳油等。

允许使用的化学合成农药每种

每年最多只能使用2次，最后1次施药距安全采收间隔期应在20天以上。

（二）限制使用的部分农药品种及使用要求

限制使用的化学合成农药品种主要有：48%乐斯本乳油，50%抗蚜威可湿性粉剂，25%辟蚜雾水分散粒剂，2.5%功夫乳油，20%灭扫利乳油，30%桃小灵乳油，80%敌敌畏乳油，50%杀螟硫磷乳油，10%歼灭乳油，2.5%溴氰菊酯乳油，20%氰戊菊酯乳油，40%乐果乳油等。

无公害果品生产中限制使用的农药品种，每年最多使用1次，施药距安全采收间隔期应在30天以上。

（三）禁止使用的农药

在无公害果品生产中，禁止使用剧毒、高毒、高残留、致癌、致畸、致突变和具有慢性毒性的农药，主要包括：

有机磷类杀虫剂：甲拌磷、乙拌磷、久效磷、对硫磷、甲基对硫磷、甲胺磷、甲基异柳磷、特丁硫磷、甲基硫环磷、治螟磷、内吸磷、氧化乐果、磷胺、灭线磷、硫环磷、蝇毒磷、地虫硫磷、氯唑磷、苯线磷、水胺硫磷。

氨基甲酸酯类杀虫剂：克百威、涕灭威、灭多威。

二甲基甲脒类杀虫剂：杀虫脒。

取代苯类杀虫剂：五氯硝基苯、五氯苯甲醇。

有机氯杀虫剂：滴滴涕、六六六、毒杀芬、二溴氯丙烷、林丹。

有机氯杀螨剂：三氯杀螨醇、克螨特。

砷类杀虫、杀菌剂：福美砷、甲基砷酸锌、甲基砷酸铁铵、福美甲、砷酸钙、砷酸铅。

氟制类杀菌剂：氟化钠、氟化钙、氟乙酰胺、氟铝酸钠、氟硅酸钠、氟乙酸钠。

有机锡杀菌剂：三苯基醋酸锡、三苯基氯化锡。

有机汞杀菌剂：氯化乙基汞（西力生）、醋酸苯汞（赛力散）。

二苯醚类除草剂：除草醚、草枯醚。

以及国家规定无公害果品生产禁止使用的其他农药。

（四）无公害果品生产中允许和禁止使用的天然植物生长调节剂及使用要求

允许使用的植物生长调节剂及使用要求：如赤霉素类、细胞分裂素类（如苄基腺嘌呤[BA]、玉米素等），要求每年最多使用一次，施药距安全采收期间隔应在20天以上。也可使用能够延缓生长、促进成花、改善树体结构、提高果实品质及产量的其他生长调节物质，如乙烯利、矮壮素等。

禁止使用污染环境及危害人体

健康的植物生长调节剂。如比九(B_9)、萘乙酸、2，4-二氯苯氧乙酸(2，4-D）等。

（五）科学合理使用农药

1.对症施药：根据田间的病虫害种类和发生情况选择农药，防治病害主要以保护性杀菌剂为基础。

2.适时施药：根据预测预报和病虫害的发生规律，确定使用药剂的最佳时期。

3.使用农药要喷布均匀周到：选择合适的药械和使用方法，保证使用的农药准确、均匀、到位。

4.严格按照农药的使用剂量使用农药：同一种类的允许使用的药剂、一个生长周期：一般保护性杀菌剂可以使用3～5次；具有内吸性和渗透作用的农药可以使用1～2次，最好只使用1次；杀虫剂可以使用1～2次，最好只使用1次。

5.严格按农药的安全间隔期使用农药：允许使用的农药品种，禁止在采收前20天内使用。限制使用的农药禁止在采收前30天内使用。如果出现特殊情况，需要在采收前安全间隔期内使用农药，必须在植保专家指导下采取措施，确保食品安全。

6.严格对使用农药的安全管理：每一个生产者，必须对果园中使用农药的时间、农药名称、使用剂量等进行严格、准确的记录。

7.严禁使用未经国家有关部门核准登记的农药化合物。

8.其他情况按国家标准《农药合理使用准则》GB/T　8321（所有部分）规定执行。

二、无害化病虫害综合防治

（一）病虫害防治的基本原则

病虫无公害防治的基本原则是综合利用农业的、生物的、物理的防治措施，创造不利于病虫害发生而有利于各类自然天敌繁衍的生态环境，通过生态技术控制病虫害的发生。优先采用农业防治措施，本着“防重于治”、“农业防治为主、化学防治为辅”的无公害防治原则，选择合适的可抑制病虫害发生的耕作栽培技术，平衡施肥、深翻晒土、清洁果园等一系列措施控制病虫害的发生。尽量利用灯光、色彩、性诱剂等诱杀害虫，采用机械和人工以及热消毒、隔离、色素引诱等物理措施防治病虫害。病虫害一旦发生，需采用化学方法进行防治时，注意严禁使用国家明令禁止使用的农药、果树上不得使用的农药，并尽量选择低毒低残留、植物源、生物源、矿物源农药。

（二）病虫害防治的基本措施

1.农业防治　农业防治是根据农业生态环境与病虫发生的关系，通过改善和改变生态环境，调整品种布局，充分应用品种抗病、抗虫性以及一系列的栽培管理技术，有目的地改变果园生态系统中的某些因素，使之不利于病虫害的流行和发生，达到控制病虫危害，减轻灾害程度，获得优质、安全的果品的目的。农业防治方法是果园生产管理中的重要部分，不受环境、条件、技术的限制，虽不如化学防治那样能够直接、迅速地杀死病虫，却可以长期控制病虫害的发生，大幅度减少化学药剂的使用量，有利于果园长期的可持续发展。

（1）植物检疫：植物检疫是贯彻“预防为主、综合防治”的重要措施之一，即凡是从外地引进或调出的苗木、种子、接穗、果品等，都应进行严格检疫，防止危险性病虫害的扩散。

（2）清理果园，减少病原：果园中多数病虫在病枝或残留在园中的病叶、病果上越冬、越夏，及时清理果园，可以破坏病虫越冬的潜藏场所和条件，有效地减少病害侵染源，降低害虫发生基数，可以很好地预防病害的流行和虫害的发生。秋季或早春清扫枯枝落叶，集中高温堆沤，可消灭其中越冬病菌和害虫。结合修剪，及时剪除病虫枝条、病芽，摘除病虫果、叶，剪除病虫枝条，可以有效地防治天牛类、刺蛾类、食心虫、介壳虫等。对于病虫株残体和落在地面上的病虫果，应及时清除并高温堆沤或深埋，可以大大减少病虫的传播与危害。此外，及时清除田间杂草，不但减少了杂草种子在果园的残留，亦可以大大减少害虫寄生的机会。

（3）合理整形修剪，改善果园通风透光条件：果园在密闭条件下病虫害发生严重，过于茂盛的枝叶常成为小型昆虫繁衍的有利场所。合理整形修剪，使树体枝组分布均匀，改善了树冠内通风透光条件，可以有效地控制病虫害的发生。

（4）科学施肥，合理灌溉：加强肥、水管理对提高树体抵抗病虫害能力有明显的效果，特别是对具有潜伏侵染特点的病害和具有刺吸口器害虫的抵抗作用尤其明显。施肥种类及用量与病虫害发生有密切关系，不要过量施用氮肥，避免引起枝叶徒长，树冠内郁闭，而诱发病虫发生。厩肥堆积过多，常成为蝇、蚊、蛴螬等土栖昆虫的栖息繁殖场所。因此，提倡配方施肥、平衡施肥、多施充分腐熟的有机肥、增施磷钾肥，以提高植株抗病性，增强土壤通透性，改善土壤微生物群落，提高有益微生物的生存数量，并保证根系发育健壮。此外，减少氮肥，增施磷钾肥，能增强树体对病害侵染的抵抗力。

果园湿度过大时，易导致真菌类病害疫情的发生，湿度越大病害越重。而果树生长中、后期灌水过多，易使果树贪青徒长，枝条发育不充实，冬季抵抗冻害的能力差。因此，果园浇水应尽量避免大水漫灌，以免造成园内湿度过大，诱发病害发生，宜尽量采用滴灌等节水措施。利用滴灌技术、覆盖地膜技术可以有效地控制园内空气湿度，防止病害的发生。遇大雨后应及时排水，避免影响果树生长和降低抵抗病虫害能力。

（5）刮树皮，刮涂伤口，树干涂白：危害果树的多种害虫的卵、蛹、幼虫、成虫，以及多种病菌孢子隐居在树体的粗翘皮裂缝里休眠越冬，而病虫越冬基数与来年危害程度密切相关，应刮除枝、干上的粗皮、翘皮和病疤，铲除腐烂病、干腐病等枝干病害的菌源，同时还可以促进老树更新生长。刮皮一般以入冬时节或第 2 年早春2月间进行，不宜过早或过晚，以防止树体遭受冻害以及失去除虫治病的作用。幼龄树要轻刮，老龄树可重刮。操作动作要轻，防止刮伤嫩皮及木质部，影响树势。一般以彻底刮去粗皮、翘皮，不伤及白颜色的活皮为限。刮皮后，皮层集中烧毁或深埋，然后用石灰水涂白剂，在主干和大枝伤口处进行涂白，既可以杀死潜藏在树皮下的病虫，还可以保护树体不受冻害。石灰涂白剂的配制材料和比例：生石灰 10 千克，食盐150～200克，面粉400～500 克，加清水 40～50 千克，充分溶化搅拌后刷在树干伤口处，以不流淌、不起疙瘩为度。由虫伤或机械伤引起的伤口，是最容易感染病菌和害虫喜欢栖息的地方，应将腐皮朽木刮除，用刀削平伤口后，涂上5波美度石硫合剂或波尔多液消毒，促进伤口早日愈合。

（6）刨树盘：刨树盘是果树管理的一项常用措施，该措施既可起到疏松土壤、促进果树根系生长作用，还可将地表的枯枝落叶翻于地下，把土中越冬的害虫翻于地表。

（7）树干绑缚草绳，诱杀多种害虫：不少害虫喜在主干翘皮、草丛、落叶中越冬，利用这一习性，于果实采收后在主干分枝以下绑缚3～5圈松散的草绳，诱集消灭害虫。草绳可用稻草或谷草、棉秆皮拧成，绑缚要松散，以利于害虫潜入。

（8）人工捕虫：许多害虫有群集和假死的习性，如多种金龟子有假死性和群集危害的特点，可以利用害虫的这些习性进行人工捕捉。再如黑蝉若虫可食，在若虫出土季节，可以发动群众捕而食之。

（9）园内种植诱集作物，诱集害虫集中危害而消灭：利用桃蛀螟、桃小食心虫对玉米、高粱趋性更强的特性，园内种植玉米、高粱等，诱其集中危害而消灭。

（10）园内放养鸡、鸭等家禽，

啄食害虫，减轻危害。

2.物理机械防治 是根据害虫的习性而采取的机械方法防治害虫技术。

（1）黑光灯诱杀：常用20W或40W黑光灯管做光源，在灯管下接一个水盆或一个广口瓶，瓶中放些毒药，以杀死掉进的害虫。此法可诱杀晚间出来活动的害虫，如桃蛀螟、黄刺蛾、茎窗蛾成虫等。

（2）糖醋液诱杀：许多成虫对糖醋液有趋性，因此，可利用该习性进行诱杀。方法是在成虫发生的季节，将糖醋液盛在水碗或水罐内制成诱捕器，将其挂在树上，每天或隔天清除死虫。糖醋液的制备方法：酒、水、糖、醋按1∶2∶3∶4的比例，放入盆中，盆中放几滴毒药，并不断补足糖醋液。

（3）性外激素诱杀：昆虫性外激素是由雌成虫分泌的用以招引雄成虫来交配的一类化学物质。通过人工模拟其化学结构合成的昆虫性外激素已经进入商品化生产阶段。性外激素已明确的果树害虫种类大约有30余种。目前国内外应用的性外激素捕获器类型有5大类20余种。如黏着型、捕获型、杀虫剂型、电击型和水盘型。我国在果树害虫防治上已经应用的有桃蛀螟、桃小食心虫、桃潜蛾、梨小食心虫、苹果小卷叶蛾、苹果褐卷叶蛾、梨大食心虫、金纹细蛾等昆虫的性外激素。捕获器的选择要根据害虫种类、虫体大小、气象因素等，确定捕获器放置的地点、高度和用量。

①利用性外激素诱杀：在果园放置一定数量的性外激素诱捕器，能够诱捕到雄成虫，导致雌、雄成虫的比例失调，减少了自然界雌、雄虫交配的机会，从而达到治虫的目的。

②干扰交配（成虫迷向）：在果园内悬挂一定数量的害虫性外激素诱捕器诱芯，作为性外激素散发器。这种散发器不断地将昆虫的性外激素释放到田间，使雄成虫寻找雌成虫的联络信息发生混乱，从而失去交配的机会。在果园的试验结果表明，在每667平方米内栽植110棵果树的情况下，每棵树上挂3～5个桃小食心虫性外激素诱芯，能起到干扰成虫交配的作用。打破害虫的生殖规律，使大量的雌成虫不能产下受精卵，从而极大地降低幼虫数量。

③水喷法防治：在果树休眠期（11月中下旬）用压力喷水泵喷枝干，喷到流水程度，可以消灭在枝干上越冬的介壳虫。

④果实套袋：果实套袋栽培是近几年我国推广的优质果品技术。果实套袋后，既能增加果实着色、提高果面光洁度、减少裂果，还能防止病菌和害虫直接侵染果实，减少

农药在果品中的残留。

3.生物防治 运用有益生物防治果树病虫害的方法称为生物防治法。生物防治是进行无公害果品生产有效防治病虫害的重要措施。在果园自然环境中有数百种有益天敌昆虫资源和能促使果树害虫致病的病毒、真菌、细菌等微生物。保护和利用这些有益生物，是果树病虫无公害防治的重要手段。生物防治的特点是不污染环境，对人、畜安全无害，无农药残留，符合果品无公害生产的目标，应用前景广阔。但该技术难度较大，研究和开发水平较低，目前应用于防治实践的有效方法还较少。各果园可以因地制宜，选择适合自己的生物防治方法，并与其他防治方法相结合，采取综合治理的原则防治病虫害。

（1）利用寄生性天敌昆虫防治虫害：寄生性昆虫活动特点，是以雌成虫产卵于寄主体内或体外，以幼虫取食寄主的体液摄取营养，从而导致寄主（害虫）死亡。而它的成虫则以花粉、花蜜等为食或不取食。除了成虫以外，其他虫态均不能离开寄主而独立生活。果园害虫天敌主要有：寄生卷叶虫的中国齿腿姬蜂、卷叶蛾瘤姬蜂、卷叶蛾绒茧蜂；寄生梨小食心虫的梨小蛾姬蜂、梨小食心虫聚瘤姬蜂；寄生潜叶蛾、刺蛾的刺蛾紫姬蜂、刺蛾白跗姬蜂、潜叶蛾姬小蜂等寄生蜂类。寄生鳞翅目害虫幼虫和蛹的寄生蝇类，如寄生梨小食心虫的稻苞虫赛寄蝇、日本追寄蝇；寄生天幕毛虫的天幕毛虫追寄蝇、普通怯寄蝇等。

（2）利用捕食性天敌昆虫防治害虫：捕食性天敌昆虫靠直接取食猎物或刺吸猎物体液来杀死害虫，致死速度比寄生性天敌快得多。如捕食叶螨类的深点食螨瓢虫、腹管食螨瓢虫、大草蛉、中华通草蛉、食蚜瘿蚊等；捕食蚜虫的七星瓢虫；捕食介壳虫的黑缘红瓢虫、红点唇瓢虫等。此外，还有螳螂、食蚜蝇、食虫蝽象、胡蜂、蜘蛛等多种捕食性天敌，抑制害虫的作用非常明显。

（3）利用食虫鸟类防治虫害：鸟类在农林生物多样性中占有重要地位，它与害虫形成相互制约的密切关系，是害虫天敌的重要类群。我国以昆虫为主要食料的鸟约有600余种，如大山雀、大杜鹃、大斑啄木鸟、灰喜鹊、家燕、黄鹂等主要或全部以昆虫为食物，对控制害虫种群作用很大。

（4）利用病原微生物防治病虫害：

①利用病原微生物防治害虫。在自然界中，有一些病原微生物，如细菌、真菌、病毒、线虫等，在条

件合适时能引发害虫流行病，致使害虫大量死亡。利用病原微生物防治虫害主要有细菌、真菌、病毒三大类制剂。

②利用病原微生物防治病害：主要是利用某些真菌，细菌和放线菌对病原菌的杀灭作用防治病害。方法是直接把人工培养的抗病菌施入土壤或喷洒在植物表面，控制病菌发育。目前国外已制成对部分病原微生物有抑制作用的微生物产品，如美国生产的防治根癌病的放射性土壤杆菌菌系K84，应用效果显著。国内也已分离了一些菌株。在土壤中多施用有机肥，促进多种天然存在的抗生菌的大量繁殖，可有效防治果树根系病害，也是利用病原微生物防治病害的可行措施。

目前国内应用病原微生物防治病虫害的制剂主要有苏云金杆菌、白僵菌制剂、病原线虫。

(5)利用昆虫激素防治害虫：对危害相对简单的关键害虫，以及对世代较长、单食性、迁移性小、有抗药性、蛀茎蛀果害虫更为有效。昆虫激素主要有保幼激素、蜕皮激素、性信息激素三大类。其杀虫机理是使害虫生长发育异常而死亡。利用性外激素不仅可以诱杀成虫、干扰交配，还可根据诱虫时间和诱虫量指导害虫防治，提高防效。

4.化学防治 使用化学药剂防治病虫害具有作用迅速、见效快、方法简便的特点，在现阶段果品生产中仍具有不可替代的作用，但是化学药剂的长期使用，存在着引起害虫抗性、污染环境、减少物种多样性、在果品中残留有危害人体健康有毒物质等多方面的副作用。尤其随着人民生活水平的提高，消费者越来越注重食品安全问题，如何科学合理、正确的使用化学药剂，生产无公害果品日益受到重视。

无公害果品生产并非完全禁止使用化学药剂，使用时应当遵守有关无公害果品生产操作规程和农药使用标准，合理选择农药种类，正确掌握用药量。加强病虫测报工作，经常调查病虫发生情况，选择有利时机适时用药。选择对人、畜安全、不伤害天敌、不污染环境、同时又可以有效杀死有害病虫的农药品种。严禁使用一切汞制剂农药以及其他高毒、高残留、致畸、致癌、致残农药，严禁使用未取得国家农药管理部门登记和没有生产许可证的农药。

参考文献

1 冯玉增等.石榴病虫草害鉴别与无公害防治.北京：科学技术文献出版社，2009

2 吕佩珂等.中国果树病虫原色图谱(第2版).北京:华夏出版社，2002

3 邱强.中国果树病虫原色图鉴.郑州：河南科学技术出版社，2004

4 冯明祥等.苹果梨山楂病虫害诊断与防治原色图谱.北京：金盾出版社，2003

5 北京农业大学主编.果树昆虫学（下册）.北京:农业出版社，1981

6 中国林科院主编.中国森林昆虫.北京:中国林业出版社，1980

7 王焱.上海林业病虫害.上海：上海科学技术出版社，2007

8 张玉聚等.中国农业病虫草害原色图解.北京:中国农业科技出版社，2008

图书在版编目(CIP)数据

山楂病虫害诊治原色图谱/冯玉增等主编.-北京：科学技术文献出版社，2010.1

ISBN 978-7-5023-6562-2

Ⅰ.①山… Ⅱ.①冯… Ⅲ.①山楂-病虫害防治方法—图谱 Ⅳ.①S436.619-64

中国版本图书馆 CIP 数据核字(2009)第 232723 号

出　　版　　者　科学技术文献出版社
地　　　　　址　北京市复兴路15号（中央电视台西侧）/100038
图书编务部电话　（010）58882938,58882087（传真）
图书发行部电话　（010）58882866（传真）
邮 购 部 电 话　（010）58882873
网　　　　　址　http://www.stdph.com
E-mail:stdph@istic.ac.cn
策　划　编　辑　丁坤善
责　任　编　辑　浦　欣
责　任　校　对　唐　炜
责　任　出　版　王杰馨
发　　行　　者　科学技术文献出版社发行　全国各地新华书店经销
印　　刷　　者　北京时尚印佳彩色印刷有限公司
版（　印　）次　2010年1月第1版第1次印刷
开　　　　　本　889×1194　32开
字　　　　　数　118千
印　　　　　张　4
印　　　　　数　1～6 000册
定　　　　　价　19.00元